LEÇONS

D'ARITHMETIQUE

DU MÊME AUTEUR :

Arithmétique théorique et pratique. (*Première année*). 1 vol. in-18 jésus, cart.............................. 2 25

Cours d'Arithmétique. (*Deuxième année*). 1 vol. in-18 jésus, cartonné.............................. 1 50

Table de Logarithmes à 5 décimales pour les nombres de 1 à 10 000, et pour les rapports trigonométriques de minute en minute, avec les différences proportionnelles calculées. 1 vol. in-18 (*sous presse.*)

COURS COMPLET
D'ENSEIGNEMENT SECONDAIRE SPÉCIAL

LEÇONS
D'ARITHMÉTIQUE

RÉDIGÉES

Conformément aux programmes officiels de 1866

PAR

Eug. ANDRÉ

Répétiteur de mathématiques à l'Ecole municipale Turgot

ANNÉE PRÉPARATOIRE
ARITHMÉTIQUE PRATIQUE

TROISIÈME ÉDITION

PARIS
CH. DELAGRAVE ET Cie, LIB.-ÉDITEURS
58, RUE DES ÉCOLES, 58.

1874

PRÉFACE.

Ces leçons s'adressent à des élèves âgés de onze à douze ans, et possédant déjà des notions d'arithmétique. Fixer pour eux d'une manière définitive la pratique des quatre règles; leur apprendre à s'en servir avec facilité et à simplifier autant que possible les opérations; leur enseigner les principaux procédés du calcul (sur lesquels il appartient au professeur de les exercer); enfin leur montrer les usages de ces quatre règles, leurs principales applications à l'agriculture, au commerce et à l'industrie : voilà le but que nous nous sommes proposé.

Nous n'avons reculé devant aucun développement utile, et nous n'avons donné place à aucune question oiseuse. Nous avons voulu que le professeur trouvât dans notre texte tout ce qu'il aura à enseigner, dans l'ordre et dans l'esprit qu'indique le programme de l'enseignement secondaire spécial.

Quoique particulièrement destinées à l'année préparatoire de cet enseignement, nos leçons conviennent également bien pour l'année préparatoire des écoles commerciales ou industrielles.

ARITHMÉTIQUE

PRATIQUE

PREMIÈRE LEÇON.

II. NOTIONS PRÉLIMINAIRES ; NUMÉRATION.

Grandeur ou quantité. — Quantités qui se comptent. — Quantités qui se mesurent.— Nombres entiers ou décimaux.— Numération parlée.— Numération écrite.—Lecture d'un nombre.— Changement d'unité. — Rendre un nombre 10, 100, 1000 fois plus grand ou plus petit.

1. Grandeur ou quantité. — Les divers objets qui tombent sous nos sens nous apparaissent comme susceptibles d'être *augmentés* ou *diminués*. Ainsi un troupeau de moutons sera augmenté si l'on y réunit d'autres moutons ; il sera au contraire diminué si l'on en retire quelques-uns. Ainsi, encore, la surface d'un champ sera augmentée, si l'on y joint un champ voisin ; mais elle sera diminuée si, traçant un sillon au travers, on ne considère plus comme faisant partie du champ que ce qui est à droite du sillon, en laissant de côté ce qui est à gauche. On appelle *grandeur* ou *quantité* tout objet considéré comme susceptible d'être *augmenté* ou *diminué*.

2. Quantités qui se comptent.—Il y a des quantités qui sont de leur nature divisées en parties distinctes. Ex.: une pile de livres, un troupeau de moutons ; un livre, un mouton, sont les parties distinctes dans lesquelles se partagent naturellement ces quantités.

Ii en est ainsi de toute collection d'objets de la même espèce. Chacun de ces objets, considéré isolement, est appelé l'*unité* de cette espèce. Dans une collection de livres, chaque livre est l'unité.

Une unité et *une* unité font *deux* unités ; *deux* unités et *une* unité font *trois* unités ; *trois* unités et *une* unité font *quatre* unités ; de même *quatre* et *un* font *cinq, cinq* et *un* font *six*, etc.

Dire sur une série d'objets cette suite de noms : un sur le premier, deux sur le suivant, trois sur celui qui vient après, quatre sur un autre, et ainsi de suite, jusqu'au dernier, c'est ce qu'on appelle *compter* ces objets.

Les premiers objets ou les premières unités se comptent par les noms :

Un, deux, trois, quatre, cinq, six, sept, huit, neuf, dix.

S'il y en a davantage, on en forme des groupes de dix ; en dehors de ces groupes il peut rester plusieurs unités non groupées dites *unités simples* ou unités du *premier ordre*, dont le nombre est toujours inférieur à dix. Les groupes de dix s'appellent *dizaines* ou unités du *second ordre*.—S'il n'y en a pas plus de dix on les compte comme les unités du premier ordre. — S'il y en a davantage, on en forme des groupes de dix dizaines, qu'on appelle *centaines* ou *cents* ou unités du *troisième ordre*, et il reste en dehors de ces groupes moins de dix dizaines. — S'il n'y a pas plus de dix centaines, on les compte comme les unités simples. — S'il y en a davantage, on en forme encore des groupes de dix centaines qu'on appelle *mille* ou unités du *quatrième ordre*, et ainsi de suite.

3. **Quantités qui se mesurent.** — Il y a des quantités qui ne sont pas naturellement partagées en objets distincts, mais qui sont susceptibles d'être partagées comme on veut. Telle est la longueur d'un bout de fil : il ne présente pas de parties distinctes, mais on peut le partager à volonté en le coupant en n'importe quel point. Telle est encore la surface d'une feuille de papier : elle

présente un tout sans séparation ; mais un trait marqué au travers peut la partager comme on veut. Ces sortes de quantités se *mesurent ;* voici comment :

Supposons, pour fixer les idées, qu'on veuille mesurer la longueur d'une table. On se sert d'une longueur connue, du mètre, par exemple ; on le porte sur la longueur autant de fois qu'il peut y être contenu, soit trois fois exactement; la longueur de la table est trois mètres; les unités comptées sont des mètres.

Supposons maintenant qu'ayant porté le mètre deux fois sus la longueur, il y ait un reste moindre que le mètre. Le mètre étant divisé en dix parties égales qu'on appelle décimètres, prenons le décimètre comme nouvelle unité ; portons-le sur la portion qui reste à mesurer autant de fois qu'il est possible, soit quatre fois : la longueur sera de deux mètres et quatre décimètres.

On continue de la sorte autant qu'il est nécessaire, en mesurant toujours ce qui reste avec une unité dix fois moindre que la précédente.

Les unités de dix en dix fois plus petites dont on se sert s'appellent, la première : unité du *premier ordre décimal* ou *dixième ;* la seconde : unité du *deuxième ordre décimal* ou *centième ;* la troisième : unité du *troisième ordre décimal* ou *millième,* etc.

4. Nombres entiers ou décimaux. — On appelle *nombre* la collection des unités ou des parties d'unité dont une quantité se compose. S'il n'y a que des unités entières, le nombre est dit *entier.* S'il y a des parties décimales de l'unité, le nombre est dit *décimal.*

Numération parlée. — Après avoir nommé unités, dizaines, centaines, les trois premiers ordres d'unité entières, au lieu de donner un nom nouveau à chacun des ordres suivants, on ne l'a fait que de trois en trois ordres. Ces noms sont *mille, million, billion*[1], *trillion,* etc. De

---

1. On dit *milliard* quand il s'agit de sommes d'argent.

même pour les ordres d'unités décimales : de trois en trois ordres, on les nomme *millièmes, millionièmes, billionièmes,* etc.

En disant combien il y a d'unités de l'ordre entier ou décimal le plus élevé, combien du suivant, et ainsi de suite, on forme le nom du nombre qui représente les objets comptés.

Termes particuliers. 1° On dit *onze, douze, treize, quatorze, quinze, seize,* au lieu de dix-un, dix-deux, dix-trois, dix-quatre, dix-cinq, dix-six.

2° Au lieu de deux dizaines, trois dizaines, quatre dizaines, cinq dizaines, six dizaines, sept dizaines, huit dizaines, neuf dizaines, on dit : *vingt, trente, quarante, cinquante, soixante, septante,* ou plus généralement *soixante-et-dix; octante,* ou plus généralement *quatre-vingts; nonante,* ou plus généralement *quatre-vingt-dix.*

3° Après soixante-et-dix, on dit : *soixante-et-onze, soixante-douze, soixante-treize, soixante-quatorze, soixante-quinze, soixante-seize;* et de même, après quatre-vingt-dix, on dit : *quatre-vingt-onze, quatre-vingt-douze, quatre-vingt-treize, quatre-vingt-quatorze, quatre-vingt-quinze, quatre-vingt-seize.*

6. **Numération écrite.** — Les nombres peuvent s'écrire au moyen de signes abréviatifs qu'on nomme *chiffres.* — Les neufs premiers, qui représentent les neuf premiers nombres, sont :

$$1, \quad 2, \quad 3, \quad 4, \quad 5, \quad 6, \quad 7, \quad 8, \quad 9.$$

On les appelle chiffres *significatifs.* On se sert, en outre, d'un dixième caractère, 0, appelé *zéro,* qui n'a par lui-même aucune valeur, mais sert à marquer la place des ordres d'unités qui manquent.

Pour représenter en chiffres un nombre entier, on écrit le chiffre des unités de l'ordre le plus élevé, à sa droite, le chiffre des unités de l'ordre immédiatement inférieur, puis celui des unités de l'ordre suivant, et ainsi de suite jusqu'aux unités simples inclusivement, — en ayant soin de marquer par un zéro la place de tout ordre d'unité intermédiaire manquant.

Exemple : Cinquante millions, soixante-dix-huit mille, quatre cent vingt s'écrira : 50 078 420.

Pour représenter en chiffres un nombre décimal, on écrit les entiers s'il y en a ; un zéro, s'il n'y a pas d'entiers ; — puis de gauche à droite : une virgule, ensuite le chiffre du premier ordre décimal, puis le chiffre du deuxième ordre décimal, etc., — en ayant soin de marquer par un zéro la place de tout ordre intermédiaire manquant.

Exemple : six unités, trente-cinq millièmes. ou six unités, pas de dixièmes, trois centièmes et cinq millièmes, s'écrira : 6,035.

7. Lecture d'un nombre. — 1° *Pour lire un nombre entier écrit, on le partage par la pensée en tranches de trois chiffres à partir de la droite ; puis, commençant par la gauche, on lit séparément chaque tranche en lui donnant le nom qui convient au chiffre de ses unités.*

Exemple : 26 703 812 se lira : 26 millions, 703 mille, 812 unités.

2° *Pour lire un nombre décimal, on lit d'abord la partie entière, puis le nombre formé par l'ensemble des décimales comme un nombre entier en lui donnant le nom des unités décimales du dernier ordre.*

Exemple : 126,79 se lit : 126 unités, 79 centièmes.
37,175 se lit : 37 unités, 175 millièmes.

8. Changement d'unité. — Il résulte des explications données sur la numération qu'*une unité d'un ordre en vaut dix de l'ordre immédiatement inférieur ;* par suite elle en vaut cent de l'ordre qui lui est inférieur de deux rangs, mille de l'ordre qui lui est inférieur de trois rangs, dix mille du suivant, etc.

Appliquons ces remarques au nombre 23 fr. 45.

En partant du chiffre 5, 4 représente des unités dix fois plus fortes ou des dizaines de centimes ; 3 des unités cent fois plus fortes ou des centaines de centimes ; 2 des unités mille fois plus fortes ou des mille de centimes. En prenant le centime pour unité, on pourra regarder ce nombre comme représentant 2345 centimes.

En écrivant un zéro à droite du chiffre 5 du nombre 23 f. 45, on aura 23 fr. 450 ; ce nombre aura toujours la même valeur, car chacun de ses chiffres représentera toujours le même nombre d'unités du même ordre ; mais on pourra alors le lire autrement, soit 23 francs, 450 millièmes de francs, soit 23450 millièmes de franc.

On ne change pas la valeur d'un nombre décimal en écrivant à sa droite un ou plusieurs zéros.

9. Rendre un nombre 10, 100, 1000... fois plus grand ou plus petit. — 1° *Nombre entier.* 24 représente 24 unités ; 240 représente 24 dizaines ; il est donc dix fois plus fort ; 2400 représente 24 centaines, il est donc cent fois plus fort que 24.

On rend un nombre entier 10, 100, 1000... fois plus grand en écrivant à sa droite 1, 2, 3, zéros. — Un nombre entier étant terminé par des zéros, on le rend 10, 100, 1000... fois plus petit en supprimant à sa droite, 1, 2, 3... zéros.

Ex.: 37000 est 1000 fois 37 ; 540 est dix fois plus petit que 5400 ; 54 est cent fois plus petit que 5400.

2° *Nombre décimal.* 23,712 représente 23712 millièmes ; 237,12 représente 23712 centièmes, il est donc 10 fois plus grand ; 2371,2 représente 23712 dixièmes, il est donc 100 fois plus grand que 23,712.

On rend un nombre décimal 10, 100, 1000 fois plus grand en déplaçant la virgule de 1, 2, 3... rangs vers la droite ; — on le rend 10, 100, 1000 fois plus petit en déplaçant la virgule de 1, 2, 3... rangs vers la gauche.

Ex. : 27,14 est dix fois 2,714 ; cent fois 0,2714 ; mille fois 0,02714 ; 2,3 est dix fois moindre que 23.

On rend ces règles toujours applicables en écrivant à droite et à gauche du nombre un ou plusieurs zéros.

Ex. : Rendre 3,45 cent fois moindre? on écrit 0,0345 ; rendre le même nombre 1000 fois plus grand? on a 3450.

EXERCICES N° 1.

I. Un marchand reçoit une caisse d'oranges qui contient dix rangs d'oranges sur la largeur, dix sur la longueur et six sur la hauteur : combien cette caisse renferme-t-elle d'oranges? Ecrire ce nombre en chiffres.

II. En puisant des oranges dans cette caisse, on l'a dégarnie : les quatre couches du fond sont intactes; la cinquième couche a huit rangs pleins et les deux autres vides; la sixième n'a plus que trois oranges en tout. Combien reste-t-il d'oranges dans la caisse?

III. Mais ce marchand reçoit encore cinq caisses de mille oranges chacune. Combien aura-t-il d'oranges dans ces cinq caisses pleine et la première entamée ?

IV. On a mesuré la longueur d'un mur avec un mètre divisé en dixièmes ou décimètres, en centièmes ou centimètres, et en millièmes ou millimètres. On a pu porter sur la longueur de ce mur sept fois le mètre, et il restait alors un bout de mur non mesuré; on y a porté le mètre; on a trouvé que l'extrémité du mur tombait entre les deux divisions en décimètres marquées quatre et cinq, et entre les divisions en centimètres marquées huit et neuf. 1° Quelle était la mesure de ce mur en prenant le mètre pour unité? 2° Combien contient-il de décimètres et de dixièmes de décimètres? 3° Combien contient-il de centimètres? 4° Combien de millimètres?

V. Un caissier a en portefeuille six billets de mille francs, trois billets de cent francs; dans sa caisse : quatre pièces de vingt francs et une de dix francs, en monnaie d'or; dix pièces de un franc en monnaie d'argent; cinq pièces de dix centimes et trois pièces de un centime en monnaie de cuivre. 1° Quelle somme a-t-il en caisse, en prenant le franc pour unité? 2° Combien y a-t-il de centimes en tout? 3° Combien de décimes en tout, en négligeant les centimes? 4° Combien de francs en monnaies d'or et d'argent? 5° Combien en monnaie d'or seulement?

VI. Un commerçant a reçu deux mille kilogrammes de fonte, mille de petite fonte, sept cents kilogrammes d'objets en fer, cent d'objets en acier, vingt kilogrammes d'objets en cuivre, quatre kilogrammes d'objets en étain. Quel est en kilogrammes le poids de toute cette marchandise?

VII. Combien la dizaine, la centaine, le mille valent-ils de centièmes? combien valent-ils de dixièmes?

VIII. Combien l'unité de l'ordre des millions vaut-elle d'unités de l'ordre : 1° des millièmes? 2° des millionièmes?

IX. Quel est le nom des unités de la quatrième tranche ternaire? de la cinquième tranche ternaire? de la sixième tranche ternaire? de quels mots sont-ils formés?

1.

DEUXIÈME LEÇON.

II. APPLICATION DE LA NUMÉRATION AU SYSTÈME MÉTRIQUE.

Longueurs. — Remarque. — Poids. — Valeurs monétaires. — Applications. — Exercices.

0. Longueurs. — L'unité principale de longueur est le *mètre :* c'est la *dix-millionième partie du quart du méridien terrestre*, c'est-à-dire la dix-millionième partie de la distance qu'il faut parcourir pour aller par le plus court chemin sur la surface de la terre, d'un point de l'équateur au pôle.

On désigne le mètre par la lettre initiale m : 1^m, 2^m, 20^m, $17^m,5$ signifient 1 mètre, 2 mètres, 20 mètres, 17 mètres 5 dixièmes.

On emploie aussi des unités secondaires, de dix en dix fois plus grandes ou plus petites, qui sont :

Multiples : le *décamètre*, l'*hectomètre*, le *kilomètre*, le *myriamètre ;* on les désigne par les lettres : Dm, hm, km, Mm.

Sous-multiples : le *décimètre*, le *centimètre*, le *milli-mètre ;* on les désigne par les lettres : dm, cm, mm.

Il faut prendre garde de ne pas confondre, Dm décamètre, avec dm, décimètre ; ni Mm myriamètre, avec mm, millimètre.

VALEUR DES UNITÉS EXPRIMÉES LES UNES PAR LES AUTRES, ET CHANGEMENT D'UNITÉ.

$$1^{dm} = 0^m,1$$
$$1^{cm} = 0^{dm},1 = 0^m,01$$
$$1^{mm} = 0^{cm},1 = 0^{dm},01 = 0^m,001$$

$$1_D{}^m = 10^m$$
$$1^{hm} = 10_D{}^m = 100^m$$
$$1^{km} = 10^{hm} = 100^{Dm} = 1000^m$$
$$1^{Mm} = 10^{km} = 100^{hm} = 1000^{Dm} = 10000^m$$

Il résulte de ces valeurs que dans le nombre de mètres

$54837^m,269$, il y a 5^{mm}, 4^{km}, 8^{hm}, 3^{Dm}, 7^m, 2^{dm}, 6^{cm}, 9^{mm}, et que ce nombre peut s'écrire :

$$54\,837\,269^{mm}$$
$$5\,483\,726^{cm},9$$
$$548\,372^{dm},69$$
$$54\,837^m,269$$
$$5\,483^{Dm},726\,9$$
$$548^{hm},372\,69$$
$$54^{km},837\,269$$
$$5^{Mm},483\,7269$$

11. Remarque. — Dans les noms des multiples et des sous-multiples non-seulement du mètre, mais des autres unités métriques, les mots tirés du latin :

$$déci, \qquad centi, \qquad milli,$$

signifient toujours :

$$dixième, \qquad centième, \qquad millième.$$

et les mots tirés du grec :

$$déca, \qquad hecto, \qquad kilo, \qquad myria.$$

signifient :

$$dix\ fois, \qquad cent\ fois, \qquad mille\ fois, \qquad dix\ mille\ fois.$$

12. Poids. — L'unité principale de poids est le *gramme*, On le désigne par les lettres *gr*.

Les unités secondaires, de dix en dix fois plus grandes ou plus petites sont :

Multiples : le *décagramme*, l'*hectogramme*, le *kilogramme*, le *myriagramme;* on les désigne par les indications : D*g*, *hg*, *kg*, M*g ;* il y a encore le *quintal*, désigné par *ql* ou *qx* et la *tonne*, désigné par son initiale *t*.

Sous-multiples : le *décigramme*, le *centigramme*, le *milligramme*, qu'on désigne ainsi : *dg*, *cg*, *mg*.

Valeur des unités exprimées les unes par les autres, et changement d'unité.

$$1^{dg} = 0^{gr},1$$
$$1^{cg} = 0^{dg},1 = 0^{gr},01$$
$$1^{mg} = 0^{cg},1 = 0^{dg},01 = 0^{gr},001$$
$$1^{Dg} = 10^{gr}$$
$$1^{hg} = 10^{Dg} = 100^{gr}$$
$$1^{kg} = 10^{hg} = 100^{Dg} = 1000^{gr}$$
$$1^{Mg} = 10^{kg} = 100^{hg} = 1000^{Dg} = 10000^{gr}$$
$$1^{ql} = 10^{Mg} = 100^{kg}$$
$$1^{t} = 10^{qx} = 100^{Mg} = 1000^{kg}.$$

Il résulte de ces valeurs que dans le nombre 5324^{gr},523, il y a 5^{kg}, 3^{hg}, 2^{dg}, 4^{gr}, 5^{dg}, 2^{cg}, 3^{mg} : et que ce nombre peut s'écrire également bien :

$$5\,324\,523^{mg}$$
$$532\,452^{cg},3$$
$$53\,245^{cd},23$$
$$5\,324^{gr},523$$
$$532^{dg},452\,2$$
$$53^{hg},245\,23$$
$$5^{kg},324\,523$$

De même en prenant le kilogramme pour unité principale, le nombre 18 792^{kg} ou 18^{t}, 7^{qx}, 9$_{mg}$, 2^{kg}, peut s'écrire :

$$18\,792^{kg}$$
$$1\,879^{mg},2$$
$$187^{qx},92$$
$$18^{t}\ ,792$$

13. Monnaies. — L'unité des monnaies est le *franc ;* on le désigne par la lettre *f*.

Ses multiples n'ont pas de noms particuliers ; les sous-multiples sont le *décime* et le *centime*. On les désigne par les lettres *d, c*.

VALEURS DES UNITÉS EXPRIMÉS LES UNES PAR LES AUTRES, ET CHANGEMENT D'UNITÉ.

$$1^{d} = 0^{f},1 \qquad\qquad\qquad 1^{d} = 10^{c}$$
$$1^{c} = 0^{d},1 = 0^{f},01 \qquad \text{ou} \qquad 1^{f} = 10^{d} = 100^{c}$$

Le nombre en francs, 27^{f},584 ou 27^{f}, 5^{d}, 8^{c}, 4 dixièmes de centime, peut s'écrire.

$$2758^{c},4$$
$$275^{d},84$$
$$27^{f},584$$

14. Applications. — PROBLÈME I. 100^{kg} *de charbon de terre coûtant* 5^{f},88 ; 1° *Combien valent* 1^{kg} ; 10^{kg} ; 1000^{kg} ; 2° *Combien à ce prix coûterait un wagon de 10 tonnes ?*

Solution. 1° 100^{kg} coûtent. .... 5^{f},80

    10^{kg} —   10 fois moins que 100^{kg} ou   0^{f},58

    1^{kg} —   10 fois moins que 10^{kg} ou   0^{f},058

2°   100^{kg} coûtent...........................   5^f,80
    1000^{kg} ou   1^t coûte   10 fois plus ou.........   58^f
      10^t coûtent 10 fois plus ou.........   580^f.

Réponse : 1° 1^{kg} coûte 0^f,058 ; 10^{kg} coûtent 0^f,58 ; 1000^{kg} coûtent 58^f ; 2° un wagon de 10 tonnes coûte 580^f.

PROBLÈME II. *29^m,5 d'étoffe ont coûté 54^f,20 ; combien coûteraient 2^m,95 de la même étoffe?*

Solution. 29^m, 5 d'étoffe ayant coûté..............   54^f,20
    2^m,95 ou 10 fois moins coûtent 10 fois moins ou   5^f,42

EXERCICES Nº 2.

I. **Combien** y a-t-il séparément de francs, de décimes, de centimes dans 40^f,35. Ecrire ce nombre en prenant pour unité : 1° le décime, 2° le centime.

II. Dans 234^{gr},781, quelle unité de poids représente chaque chiffre? Combien y a-t-il en tout de décigrammes, de centigrammes, de milligrammes? Combien de décagrammes, d'hectogrammes, de kilogrammes?

III. Ecrire en tonnes, en quintaux, en myriagrammes, en kilogrammes le nombre 23 478 345 grammes.

IV. Écrire en grammes : 1° la valeur de 1 tonne, de 235^t,6; 2° la valeur de 1 quintal; de 54^{qx},342.

V. Écrire, en prenant pour unité : 1° la tonne; 2° le quintal, les nombres : 32^{gr}, 41^{dg}, 72^{mg}.

VI. 100^{kg} de sucre coûtent 142^f,65, quel est le prix de 1^{kg}? combien en aurait-on de kilogrammes pour 1426^f,5? combien pour 14 265^f?

VII. 10^{kg} de fonte reviennent à 2^f,45. A ce prix, combien vaut 1^t? Combien en aurait-on pour 245^f? exprimer ce nombre en tonnes, en quintaux, en kilogrammes, en hectogrammes.

VIII. Un tombereau de briques porte une charge de 3566 kilogrammes : 1° quel est le poids de 1000 tombereaux de briques? l'exprimer en tonnes; 2° combien faudrait-il de tombereaux pour amener 356 600 kilogrammes?

IX. Un banquier perçoit 1 centime de commission pour 1 fr. sur une somme de 2345^f,30; quelle est la valeur totale de sa commission?

X. Un sac de farine pesant 157^{kg} s'est vendu 71^f,55; combien se vendront 10 sacs semblables, à 1^f près?

XI. 16 hectolitres de froment se vendent 34^f,20; quel est le prix de 16 litres de ce froment? de 160 litres, de 1600 litres de 160 hectolitres? Sur la halle de Marseille il s'en est vendu à ce prix, dans une journée, 16 000 hectolitres; quelle est la somme totale d'argent que les acheteurs ont payée?

TROISIÈME LEÇON.

III. ADDITION.

Définition. — Premier cas. — Exemples d'addition sans retenue.—
Exercices.

15. Définition. — *Additionner deux ou plusieurs nombres, c'est réunir en un seul nombre toutes les unités ou parties de l'unité qu'ils contiennent.* L'opération qu'on fait pour cela s'appelle *addition*. Le résultat s'appelle la *somme*, le *total* ou le *tout;* — les nombres à réunir sont appelés les *parties* du tout.

PROBLÈME I. *Un boulanger avait 4 sacs de farine, il en reçoit 3, combien en a-t-il?*

Pour le trouver, il peut se transporter dans son grenier, considérer à part les 4 premiers sacs qu'il avait; puis dire sur le premier de ceux qu'il a reçus, 5; sur le second, 6; sur le troisième, 7.

Mais il aurait pu aussi compter les sacs sans les toucher ni les voir; car il y a autant de sacs dans son grenier qu'il y a d'unités dans 4 et dans 3 ensemble. Il dira donc : 4 et une première unité font 5; 5 et une deuxième unité font 6; 6 et une troisième unité font 7; donc 4 et 3 font 7; 4 sacs et 3 sacs font 7 sacs.

Cet exemple montre comment les nombres tiennent la place des objets eux-mêmes, quand on ne s'occupe que de la quantité de ces objets.

16. Premier cas. — *Additionner un nombre entier d'un seul chiffre avec un nombre entier quelconque.* — Soit à ajouter 3 à 12. On dira : 12 et une première unité font 13; 13 et une deuxième unité font 14; 14 et une troisième unité font 15; donc 12 et 3 font 15.

RÈGLE. *Pour ajouter un nombre entier quelconque à un nombre entier d'un seul chiffre, on ajoute au premier successivement chacune des unités du second.*

Mais on doit acquérir assez d'habitude pour trouver de tête immédiatement le résultat d'une semblable addition. On y arrivera sans peine si l'on a commencé par apprendre de mémoire les résultats de toutes les additions de deux nombres d'un seul chiffre. Le tableau suivant les contient tous. Le signe + placé entre deux nombres, en indique l'addition. Le signe = indique que le nombre qui suit est le résultat de l'opération qui précède.

TABLEAU D'ADDITION.

1 + 1 = 2			2 + 1 = 3			3 + 1 = 4		
1 + 2 = 3			2 + 2 = 4			3 + 2 = 5		
1 + 3 = 4			2 + 3 = 5			3 + 3 = 6		
1 + 4 = 5			2 + 4 = 6			3 + 4 = 7		
1 + 5 = 6			2 + 5 = 7			3 + 5 = 8		
1 + 6 = 7			2 + 6 = 8			3 + 6 = 9		
1 + 7 = 8			2 + 7 = 9			3 + 7 = 10		
1 + 8 = 9			2 + 8 = 10			3 + 8 = 11		
1 + 9 = 10			2 + 9 = 11			3 + 9 = 12		
4 + 1 = 5			5 + 1 = 6			6 + 1 = 7		
4 + 2 = 6			5 + 2 = 7			6 + 2 = 8		
4 + 3 = 7			5 + 3 = 8			6 + 3 = 9		
4 + 4 = 8			5 + 4 = 9			6 + 4 = 10		
4 + 5 = 9			5 + 5 = 10			6 + 5 = 11		
4 + 6 = 10			5 + 6 = 11			6 + 6 = 12		
4 + 7 = 11			5 + 7 = 12			6 + 7 = 13		
4 + 8 = 12			5 + 8 = 13			6 + 8 = 14		
4 + 9 = 13			5 + 9 = 14			6 + 9 = 15		
7 + 1 = 8			8 + 1 = 9			9 + 1 = 10		
7 + 2 = 9			8 + 2 = 10			9 + 2 = 11		
7 + 3 = 10			8 + 3 = 11			9 + 3 = 12		
7 + 4 = 11			8 + 4 = 12			9 + 4 = 13		
7 + 5 = 12			8 + 5 = 13			9 + 5 = 14		
7 + 6 = 13			8 + 6 = 14			9 + 6 = 15		
7 + 7 = 14			8 + 7 = 15			9 + 7 = 16		
7 + 8 = 15			8 + 8 = 16			9 + 8 = 17		
7 + 9 = 16			8 + 9 = 17			9 + 9 = 18		

17. Exemples d'addition où la somme des unités de même espèce est moindre que 9. —

Ex. I. *Un commerçant a reçu* 534 *fr.* 25 *et* 215 *fr.* 34 ; *combien a-t-il reçu en tout ?*

Dans sa première somme, il a 5 centimes ; dans la seconde, 4 ; en tout 9 centimes ; — dans sa première somme, 2 décimes, dans la seconde, 3 ; en tout 5 décimes ; — dans la première somme 4 francs, dans la seconde 5 ; en tout 9 francs ; — dans la première 3 dizaines de francs, dans la seconde 1 dizaine ; en tout 4 dizaines de francs ; — dans la première 5 centaines de francs, dans la seconde 2 ; en tout 7 centaines de francs. En résumé il a donc : 7 centaines de francs, 4 dizaines de francs, 9 francs, 5 décimes, 9 centimes ; ou en un seul nombre : 749 fr. 59.

On voit mieux l'opération en la disposant ainsi :

$$
\begin{array}{r}
534^{\text{f}},25 \\
215^{\text{f}},34 \\
\hline
749^{\text{f}},59
\end{array}
$$

On peut dire simplement : 5 centièmes et 4 centièmes, 9 centièmes, que j'écris au-dessous des centièmes ; — 2 dixièmes et 3 dixièmes, 5 dixièmes, que j'écris au-dessous des dixièmes ; à gauche et sous les virgules, j'écris une virgule pour séparer ces cinq dixièmes des unités. — 4 unités et 5 unités, 9 unités, que j'écris au-dessous des unités ; — 3 dizaines et une dizaine, 4 dizaines, que j'écris au-dessous des dizaines ; — 5 centaines et 2 centaines, 7 centaines, que j'écris au-dessous des centaines.

Ex. II. *Réunir en un seul nombre :* 213,514 ; 32,121 ; 53,132.

On les disposera de même en plaçant les unes au-dessous des autres les unités de même ordre :

$$
\begin{array}{r}
213^{\text{f}},514 \\
32^{\text{f}},121 \\
53^{\text{f}},132 \\
\hline
298^{\text{f}},767
\end{array}
$$

et on dira, en commençant par la première colonne à droite :
4 et 1, 5, et 2, 7 ; je pose 7 ; — 1 et 2, 3 ; et 3, 6 ; je pose
6 ; — 5 et 1, 6 ; et 1, 7 ; je pose 7 ; — j'écris la virgule ;—
3 et 2, 5 ; et 3, 8 ; je pose 8 ; — 1 et 3, 4 ; et 5, 9 ; je pose
9 ; — 2, je pose 2. Le nombre se trouve écrit tel qu'il faut
le lire : les dizaines à droite des centaines, puis les unités,
puis la virgule, ensuite les dixièmes et enfin les centièmes ;
la somme est donc : 298,767.

EXERCICES N° 3.

I. Ecrire les nombres qui ajoutés deux à deux donnent pour somme
10 ; remarquer le cas où les deux nombres sont égaux.

II. Ecrire les nombres qui ajoutés deux à deux donnent pour
somme 9.

III. 1° Faire le tableau des résultats qu'on obtient en ajoutant 2 à
lui-même, 2 au résultat et ainsi de suite ; 2° faire le tableau des
nombres obtenus en ajoutant 2 à 1, 2 au résultat, etc. On s'arrêtera
à 100.

IV. Faire le tableau des résultats obtenus en ajoutant 3 successivement : 1° à partir de zéro, multiples de 3 ; 2° à partir de 1 ; 3° à
partir de 2. On s'arrêtera à 100.

V. Mêmes tableaux pour 4, à partir de 0, de 1, de 2, de 3.

VI. Mêmes tableaux pour 5, à partir de 0, de 1, de 2, de 3, de 4.

VII. Mêmes tableaux pour 6, à partir de 0, de 1, de 2, de 3, de 4,
de 5.

VIII. Mêmes tableaux pour 7, à partir de 0, de 1 de 2, de 3, de 4,
de 5, de 6.

IX. Mêmes tableaux pour 8, à partir de 0, de 1, de 2 de 3, de 4,
de 5, de 6, de 7.

X. Mêmes tableaux pour 9, à partir de 0, de 1, de 2, de 3, de 4,
de 5, de 6, de 7, de 8.

XI. Mêmes tableaux pour 10, à partir de 0, de 1, de 2, de 3, de 4,
de 5, de 6, de 7, de 8, de 9.

XII. Quel est l'âge d'une personne qui a eu 25 ans il y a 7 ans ?
Quel sera son âge dans 8 ans ?

XIII. Un thermomètre marquait en février 3° au-dessous de zéro
à 2 heures du matin ; à 3 heures après midi il marque 17° au-dessus de zéro ; de combien a-t-il monté ?

XIV. Avec 48 kilogrammes d'un gaz appelé oxygène on peut faire
combiner 6 kilogrammes d'un gaz appelé hydrogène ; le produit est
de l'eau et rien ne s'est perdu : combien a-t-on de kilogrammes
d'eau ?

QUATRIÈME LEÇON.

III. ADDITION (SUITE).

Deuxième cas. — Applications. — Preuves de l'addition. — Exercices.

18. Deuxième cas. — Dans les exemples de la leçon précédente, la somme des unités d'une même espèce ne dépassait pas 9 ; il peut en être autrement.

Ex. I. *Réunir en un seul les nombres :* 3845,34 ; 812,42 ; 711,51.

$$\begin{array}{r} 3845,34 \\ 812,42 \\ 711,51 \\ \hline 5369,27 \end{array}$$

On dira comme précédement : 4 centièmes et 2 centièmes, 6 centièmes ; et 1 centième, 7 centièmes ; je pose 7 sous les centièmes ; — 3 dixièmes et 4 dixièmes, 7 dixièmes ; 7 dixièmes et 5 dixièmes, 12 dixièmes ; — alors, remarquant que 12 dixièmes valent l'unité et 2 dixièmes, j'écris seulement le chiffre 2 des dixièmes, et je fais attention que j'omets ainsi une unité ; pour en tenir compte, en passant à la colonne suivante, qui est celle des unités, j'ajoute cette unité retenue avec les nombres de cette colonne : 1 unité de retenue et 5 unités, 6 unités ; — 6 unités et 2 unités, 8 unités ; 8 unités et 1 unité, 9 unités ; je pose 9 sous les unités, après avoir écrit la virgule. — 4 dizaines et 1 dizaine font 5 dizaines ; 5 dizaines et une dizaine, 6 dizaines ; j'écris 6 sous les dizaines ; — 8 centaines et 8 centaines, 16 centaines ; 16 centaines et 7 centaines, 23 centaines ; 23 centaines valent 2 mille et 3 centaines ; j'écris les 3 centaines et je retiens les 2 mille ; j'ajoute ces 2 mille aux mille qui sont dans la colonne suivante : 2 mille et 3 mille font 5 mille. Total : 5369,27.

Règle. — *Pour additionner plusieurs nombres entiers ou décimaux, on les écrit les uns sous les autres, en plaçant dans une même colonne les unités d'un même ordre ; on souligne le dernier nombre, on ajoute successivement, en commençant par la droite, les nombres contenus dans chaque colonne ; si la somme ne surpasse pas 9, on l'écrit telle qu'on l'a trouvée, sous la colonne additionnée; si elle surpasse 9, on en retient les dizaines, pour les additionner avec les nombres de la colonne suivante. A la dernière colonne, on écrit la somme telle qu'on la trouve. — Si les nombres sont décimaux, on écrit dans la somme une virgule sous les virgules des nombres additionnés.*

19. **Applications.** — Ex. I. *Les boissons consommées dans la ville de Paris en 1864 ont été : Vins en cercle, 2 866 133 hectolitres ; vins en bouteille, 16 496 hectolitres ; — Alcool pur et liqueurs, 112 602 hectolitres; alcools dénaturés, 763 hectolitres ; — Cidres, poirés, etc., 76 000 hectolitres. Quelle a été la consommation totale de boissons ?* — Il faut réunir en un seul tous ces nombres d'hectolitres.

$$
\begin{array}{r}
2\ 866\ 133 \\
16\ 496 \\
112\ 602 \\
763 \\
76\ 000 \\
\hline
3\ 071\ 994
\end{array}
$$

Opération : 3 et 6, 9; et 2, 11; et 3, 14; je pose 4 et je retiens 1; — 1 et 3, 4; et 9, 13; et 6, 19; je pose 9 et je retiens 1; — 1 et 1, 2; et 4, 6; et 6, 12; et 7, 19; je pose 9 et je retiens 1; — 1 et 6, 7; et 6, 13; et 2, 15; et 6, 21; je pose 1, et je retiens 2; — 2 et 6, 8; et 1, 9; et 1, 10; et 7, 17; je pose 7 et je retiens 1; — 1 et 8, 9; et 1, 10; je pose 0 et je retiens 1; — 1 et 2, 3. *Total* : 3 071 994 hectolitres.

Ex.: II. *Faire l'addition des nombres suivants :*

$$
\begin{array}{r}
3,71 \\
0,04 \\
21,501 \\
97,7 \\
0,0005 \\
\hline
122,9515
\end{array}
$$

Opération ; Dans la première colonne il n'y a qu'un nombre : 5, je pose 5 ; dans la seconde : 1, je pose 1 ; dans la troisième : 1 et 4, 5 ; je pose 5 ; dans la suivante : 7 et 5, 12 ; et 7, 19 ; je pose 9 et je retiens 1, etc. *Total* : 122,9515.

Ex. : III. *Longue addition. Sommes reçues dans un magasin en un jour ; recette totale :*

35,30			
7,25			
0,75			
120,10			
3　»			
6,20			
7,35		Report...	169,95
4,45	25,30		4,45
1,10	7,25		1,10
17,50	0,75		17,50
20,75	ou	120,10	20,75
34,70	3　»		34,70
6,20	6,20		6,20
3,05	7,35		3,05
257,70	169,95		257,70

On peut, comme on le voit, décomposer l'addition en deux ou plusieurs autres, en reportant sur la suivante le total obtenu pour la précédente.

Recette totale : 257^f,70.

20. Preuves de l'addition. — Quand on a fait une addition, pour s'assurer qu'on n'a pas commis d'erreur, on la recommence.

1re PREUVE : *Si on a additionné les nombres en allant de haut en bas dans chaque colonne, on les additionne de nouveau en allant de bas en haut.*

2e PREUVE : *Si l'opération est longue, on la décompose en plusieurs autres,* on a soin seulement de ne pas reproduire les mêmes groupes que dans l'opération directe : ainsi, pour le dernier exemple, on peut faire la vérification de la façon suivante :

```
  25,30
   7,25
   0,75          7,35          20,75
 120,10          4,45          34,70
   3  »          1,10           6,20
   6,20         17,50           3,05
 ───────        ─────          ─────
 162,60         30,40          64,70
```

```
 162,60
  30,40
  64,70
 ───────
 257,70  Total des sommes partielles.
```

EXERCICES N° 4.

I. Faire le tableau des nombres qui, ajoutés deux à deux donnent 100 ; mettre à part les sommes ou les nombres additionnés qui sont terminés par 5 ou par zéro ; mettre à part les sommes où entrent 25, 50, 75.

II. On a mélangé 95 litres de vin du midi et 154 litres de vin du Cher. Combien a-t-on eu de litres du mélange ?

III. Un train parti de Tonnerre à midi moins 23 minutes, arrive à Montbard à midi 43 minutes. Combien de temps a-t-il été en route ?

IV. Newton né en 1642 mourut à 85 ans ; en quelle année ?

```
    Leibnitz    1646      70      —
    Halley      1656      86      —
    Pascal      1623      39      —
```

V. $1^{kg},1056$ d'oxygène et $0^{k},1385$ d'hydrogène combinés ensemble forment de l'eau : combien d'eau ?

VI. $1^{kg},1056$ d'oxygène et $3^{kg},8855$ d'azote mélangés ensemble forment de l'air ; cette quantité d'air contient en outre $0^{kg},1996$ de vapeur d'eau et $0^{dg},0201$ d'acide carbonique. Quel est le poids de cette masse d'air ?

VII. Un hectare et un are de betterave ont produit dans une année 50 000 kilogrammes de racines, valant $875^f,85$ et 12250 kilogrammes de feuilles valant 75 francs. Quel est le poids total des racines et des feuilles produites ; quelle est leur valeur totale ?

VIII. Pour cet hectare et cet are de betterave, on a dépensé : 1° $75^f,16$ pour l'are en pépinière ; 2° sur l'hectare : première préparation $126^f,40$; pour rayonner le terrain, $2^f,60$; pour repiquage, arrachage, habillage, 20 francs ; pour binage à la houe, $16^f,50$; 3° en outre, sur l'hectare et sur l'are pour la récolte du produit, $136^f,40$; pour fumure, 205 francs ; pour le loyer, 77 francs, pour frais généraux d'exploitation, 22 francs. Combien a-t-on dépensé en tout ?

CINQUIÈME LEÇON.

III. ADDITION (SUITE).

Calcul mental. — Des simplifications dans l'addition. — Usages de
l'addition : problèmes qui y donnent lieu. — Applications. —
Exercices.

21. Calcul mental. — On appelle ainsi le calcul que
l'on fait sans écrire les nombres, ni en toutes lettres, ni en
chiffres : il est plus rapide que le calcul écrit, et il doit lui
être préféré toutes les fois qu'il est assez facile pour qu'on
ne risque pas de se tromper. Il s'en faut de beaucoup qu'il
se fasse comme le calcul écrit. Ainsi l'addition mentale ne
consiste pas du tout à se figurer les nombres à ajouter
écrits les uns au-dessous des autres, et à ajouter ensuite les
chiffres de la première colonne, puis ceux de la seconde, etc.
Le plus souvent on ajoute au premier nombre pris d'ensemble les plus hautes unités du second, puis au résultat
les unités des ordres inférieurs. — Soient à additionner les
nombres 27, 35 et 14 ; on dira : 27 et 30 font 57 ; 57 et 5
font 62 ; ensuite 62 et 10 font 72 ; 72 et 4 font 76. — Les
remarques suivantes sont surtout destinées à faciliter le
calcul de tête.

22. Des simplifications dans l'addition. — 1° On
peut changer l'ordre des nombres à additionner ; car le
résultat, contenant toujours tout ce qui était dans ces
nombres, aura toujours la même valeur : il est quelquefois
avantageux d'appliquer cette remarque.

Soient à ajouter 15, 27 et 5 ; on peut écrire les nombres
dans leur ordre et opérer suivant la règle. On peut encore
faire l'opération de tête : 15 et 20 font 35 ; 35 et 7 font 42 ;
42 et 5 font 47. Mais si l'on suppose les nombres dans l'or-

dre suivant : 15, 5, 27 ; on dira plus vite et plus aisément ; 15 et 5 font 20 ; 20 et 27 font 47.

Soit encore la somme 75 + 84 + 25 ; on supposera la somme indiquée dans cet ordre : 75 + 25 + 84 ; comme 75 et 25 font une somme connue 100, on trouve immédiatement pour la somme des trois nombres 184. De même pour faire la somme 73 + 84 + 2 + 25, on dira : 73 et 2, 75 ; et 25, 100 ; et 84, 184.

2° On peut aussi grouper deux ou plusieurs parties d'une somme, puis grouper les autres parties, et additionner les deux sommes partielles obtenues.

Ainsi pour faire la somme 20 + 17 + 30 + 12 ; on groupera 20 et 30, la somme partielle est 50 ; puis 17 et 12, la somme partielle est 29 ; ensuite on ajoutera 50 à 29, ce qui donne 79.

3° On tâche autant que possible de se ramener à des nombres de dizaines ou de centaines ; quand les nombres tels qu'ils sont donnés ne s'y prêtent pas, on les décompose en parties plus petites et plus commodes à ajouter.

Par exemple pour ajouter 25 et 27 ; on dit 25 et 25, 50 ; et 2 qu'on a négligés 52.

Pour ajouter 20 et 97, on dit 20 et 80 font 100, et 17, 117.

L'habitude enseigne une foule de remarques analogues qui permettent de calculer plus rapidement.

23. Usages de l'addition. — Son usage s'étend à presque toutes les questions théoriques ou pratiques.

Les principaux problèmes usuels qui demandent l'emploi de l'addition seule, s'appliquent aux objets ci-dessous :

I. Somme des dépenses ou des recettes.

II. Prix d'une marchandise connaissant le prix d'achat et le bénéfice qu'on veut faire.

III. Somme des entrées en magasin ; — Somme des sorties.

IV. Valeur d'une quantité connaissant son état antérieur et son augmentation.

V. Statistique : somme des populations des différentes parties d'une contrée.

VI. Temps écoulé entre deux dates, l'une antérieure, l'autre postérieure à une ère.

24. Applications. — PROBLÈME I. *La première ligne de chemin de fer, de Liverpool à Manchester, coûta.*

1º Pour tranchées et embanquements . .   199 763 liv. sterl.
2º Pour le passage du Chat moss, ...   27 719   —
3º Pour un tunnel. . . . .   47 788   —
4º Pour clôtures. . . . .   10 202   —
5º Pour les ponts. . . . .   99 065   —
6º Pour la voie. . . . .   20 568   —
7º Pour la pose et les rails. . . . .   81 432   —
8º Pour achat de la terre et frais divers. .   252 646   —

Quelle a été également en livres sterling, la dépense totale de ce chemin de fer?

Solution. La dépense totale doit renfermer toutes les dépenses partielles : on fera donc la somme de ces dépenses, et on trouvera 739 183.

Réponse. 739 183 livres sterling.

PROBLÈME II. *Un marchand a acheté une provision de thé qui lui revient, rendue en magasin, à 2345ᶠ,75. Il la revendra au détail et compte réaliser ainsi un bénéfice de 527ᶠ,25. Combien espère-t-il la revendre?*

Solution. Le prix de vente doit se composer du prix d'achat et du bénéfice réuni; il sera donc la somme des deux :

Prix d'achat. 2345ᶠ,75
Bénéfice. 527ᶠ,25

Prix. 2873ᶠ,00

Réponse : 2873ᶠ.

PROBLÈME III. *Un marchand de charbon de terre a en magasin 2654ᵗ,725 de houille? il en reçoit successivement 724ᵗ,3; 812ᵗ,42; 75ᵗ,612. Combien a-t-il alors en magasin (sans tenir compte de ce qui a pu en sortir dans l'intervalle)?*

Solution.   En magasin. 2654ᵗ,725
Entrées : 1º . . . .   724 ,3
2º . . . .   812 ,42
3º . . . .   75 ,612

Totalité en magasin. 4267ᵗ,057

Réponse : 4267ᵗ,057.

PROBLÈME **IV.** *Un propriétaire a acheté sa maison* 120 000ᶠ; *les réparations qu'il y a faites s'élèvent à* 17 895ᶠ,75 ; *il estime à cette somme la plus-value qu'il a donnée à son immeuble : il veut le revendre ; quel doit être le prix de vente ?*

Solution. Achat de l'immeuble.................   120 000ᶠ, »
  Réparations ou accroissement de valeur.   17 895 ,75
  Valeur actuelle : total..............   137 895ᶠ,75

Réponse : 137 895ᶠ,75.

PROBLÈME **V.** *Statistique des monnaies d'or et d'argent fabriquées en France depuis 1795 jusqu'en 1864 inclusivement.* L'énoncé se confond dans la solution qui doit être détaillée et disposée de façon à ce que les données du problème ressortent facilement.

Nature des pièces.		Or.	Argent.
Pièces de 100ᶠ	»	36 685 600ᶠ »	
—	50 »	41 652 300 »	
—	40 »	204 432 360 »	
—	20 »	5 110 205 200 »	
—	10 »	785 675 210 »	
—	5 »	160 493 205 »	
Pièces de	5 »	....	4 434 654 190ᶠ »
—	2 »	....	72 972 442 »
—	1 »	....	90 572 350 »
—	0,50	....	52 228 209 ,50
—	0,20	....	5 835 769 ,40
Total............		6 339 143 875ᶠ »	4 656 262 960ᶠ,90

Total or......... 6 339 143 875ᶠ »
  — argent..... 4 656 262 960ᶠ,90
  Total général. 10 995 406 835ᶠ,90

PROBLÈME **VI.** *La fondation de Rome eut lieu* 753 *ans avant notre ère ; nous sommes en* 1866. *Combien y a-t-il de temps que Rome fut fondée ?*

Solution. De la fondation de Rome au commencement de notre
  ère il s'est écoulé.............   753 ans.
  Du commencement de notre ère à
  l'année 1866, il s'est ajouté 1866
  ans ; ajoutons ....   1866 —
  Total...............   2619 ans.

Réponse : 2619 ans.

EXERCICES N° 5.

I. Une propriété agricole a été achetée 54 825 fr. Grâce à l'habileté de l'agriculteur cette propriété s'est améliorée pour le sol seulement, d'une valeur qu'on peut estimer à 7000 fr., en outre le nouveau propriétaire en a augmenté l'outillage d'une valeur de 2795f,25, et il a fait des réparations et agrandissements aux bâtiments d'exploitation pour une somme de 10 403f,40. A combien faut-il estimer la valeur actuelle de cette propriété?

II. D'après le recensement de 1851 la population du département de Saône-et-Loire était par arrondissements :

Arrondissement de Mâcon	120 501	habitants.
— Autun	108 551	—
— Chalon	138 361	—
— Charolles	129 938	—
— Louhans	84 786	—

Quelle était la population totale de ce département?

III. A Paris, pendant l'année 1864, la consommation en viandes a été en kilogrammes.

Sortie des abattoirs :

1° Viande de bœuf, vache, veau, mouton, bouc, chèvre	96 213 497
2° Abats et issues de veaux	2 457.036
3° Viande et graisse de porcs	10 894 418
4° Abats et issues de porcs	1 687 634

Provenant de l'extérieur :

5° Viande de bœuf, vache, veau, mouton, bouc, chèvre	17 268 014
6° Abats et issues de porcs	288 209
7° Viande fraîche ou graisse de porcs et sangliers	7 092 486
8° Abats et issues de porcs	861 723
9° Charcuterie de toute espèce	1 800 274
10° Pâtés, terrines, etc.	112 929

Quel est le poids total de cette consommation?

IV. En 1821 la population de la France

était de	30 461 875	habitants.
De 1821 à 1831 elle a augmenté de	2 107 348	—
De 1831 à 1836 —	971 687	—
De 1836 à 1841 —	689 268	—
De 1841 à 1846 —	1 171 583	—
De 1846 à 1851 —	381 409	—
De 1851 à 1856 —	256 194	—

Quelle était la population de la France en 1831, en 1836, en 1841, en 1846, en 1851, en 1856? Quel a été l'accroissement de population

de 1831 à 1841 ; de 1844 à 1851 ; de 1836 à 1846 ; de 1846 à 1856 ?
Quel a été l'accroissement total de la population de 1821 à 1856 ?

V. Les recettes d'une maison de commerce ont été : 1° Pour la
vente, en janvier.................... 124 320ᶠ,40

février	100 241 ,25
mars	110 728 ,44
avril	122 437 ,80
mai....................	130 711 ,20
juin...................	115 899 ,90
juillet................	105 007 ,85
août...................	108 056 ,40
septembre.............	109 425 ,73
octobre...............	112 742 ,25
novembre	114 621 ,40
décembre..............	125 842 ,33

2° Rentrée de fonds, billets et
traites encaissés.................. 1 415 734 ,12

A combien s'élève l'ensemble des recettes de l'année ?

SIXIÈME LEÇON.

IV. SOUSTRACTION.

Définition. — Premier cas. — Exercices.

25. Définition. — *Soustraire un nombre d'un autre, c'est ôter du premier toutes les unités et les parties de l'unité contenues dans le second.* L'opération que l'on fait pour cela se nomme *soustraction.* Le résultat de la soustraction s'appelle *reste, excès* ou *différence.* On dit, par exemple, que 3 étant soustrait de 8, le reste est 5; ou que 8 diminué de 3 donne pour reste 5; ou encore que 5 est l'excès de 8 sur 3; qu'il est la différence entre 8 et 3.

PROBLÈME I. *Un élève avait 8 problèmes à faire, il en a fait 3; combien lui en reste-t-il à faire?*

Quand il a eu fait son premier problème, il lui en restait 8 moins 1, ou 7 à faire; quand il a eu fait le second, il lui en restait 7 moins 1, ou 6 à faire; quand il a eu fait le troisième, il lui en restait 6 moins 1, ou 5 à faire. Réponse : Il lui restait cinq problèmes à faire.

Ce problème consistait donc à ôter, l'un après l'autre, les 3 problèmes faits des 8 problèmes donnés. On pouvait s'exprimer plus simplement, de cette manière : 8 moins 1, il reste 7; 7 moins 1 (une seconde fois), il reste 6; 6 moins 1 (une troisième fois), il reste 5. Il lui restait 5 problèmes à faire.

PROBLÈME II. *Un poteau télégraphique a en tout 7^m de long; la partie enfoncée en terre est de 2^m; quelle est la longueur de la partie qui s'élève en dehors du sol?*

On peut dire : si des 7 mètres de la longueur totale on ôte les 2 mètres qui sont enfoncés en terre, on aura pour reste ce qui n'est pas enfoncé en terre : 7 moins 1 est 6; 6 moins 1 est 5; donc la partie extérieure est de 5^m.

Mais on dira mieux : on sait que 2 et 5 font 7 ; le tout étant 7^m et l'une des parties 2^m, l'autre partie sera donc 5^m.

REMARQUES I. Dans cet exemple, on connaissait une somme, un tout, 7^m, et l'une des parties 2^m ; on demandait l'autre partie, 5^m. On voit donc que la soustraction peut servir, connaissant la somme des deux parties et l'une de ces parties, à trouver l'autre partie. Elle est en ce sens l'inverse de l'addition et on peut la faire comme on vient de le voir, par addition.

On trouvera par exemple que 25 moins 22 est 3, parce qu'on reproduit 25 en ajoutant 3 à 22 ; que 72 moins 12 est 60, parce qu'en ajoutant 12 à 60 on produit 72.

II. Ainsi le reste 3 ajouté au plus petit nombre 22, reproduit le plus grand, 25 ; de même 60 ajouté à 12 reproduit 72 ; et en général *le plus grand nombre est la somme du plus petit nombre et du reste.*

26. Premier cas. — *D'un nombre entier quelconque ôter un nombre entier d'un seul chiffre.* Soit à ôter 3 de 12. On dira 12 moins une première unité est 11 ; 11 moins une deuxième unité est 10 ; 10 moins une troisième unité est 9 ; donc 12 moins 3 est 9.

RÈGLE. *Pour retrancher d'un nombre entier quelconque un nombre entier d'un seul chiffre, on ôte du premier, l'une après l'autre, chacune des unités contenues dans le second.*

Mais on doit acquérir assez d'habitude pour trouver de tête immédiatement les résultats de toute soustraction comprise dans ce cas. On y arrivera sans peine si l'on a commencé par apprendre de mémoire les résultats obtenus en retranchant un nombre d'un seul chiffre d'un autre nombre quand le reste doit avoir un seul chiffre. Le tableau suivant les contient tous : la soustraction s'indique par le signe — placé après le plus grand nombre et avant le plus petit ; 12 moins 3 égale 9, s'écrit : 12 — 3 = 9.

2.

TABLEAU DE SOUSTRACTION.

$2 - 1 = 1$	$3 - 2 = 1$	$4 - 3 = 1$
$3 - 1 = 2$	$4 - 2 = 2$	$5 - 3 = 2$
$4 - 1 = 3$	$5 - 2 = 3$	$6 - 3 = 3$
$5 - 1 = 4$	$6 - 2 = 4$	$7 - 3 = 4$
$6 - 1 = 5$	$7 - 2 = 5$	$8 - 3 = 5$
$7 - 1 = 6$	$8 - 2 = 6$	$9 - 3 = 6$
$8 - 1 = 7$	$9 - 2 = 7$	$10 - 3 = 7$
$9 - 1 = 8$	$10 - 2 = 8$	$11 - 3 = 8$
$10 - 1 = 9$	$11 - 2 = 9$	$12 - 3 = 9$
$5 - 4 = 1$	$6 - 5 = 1$	$7 - 6 = 1$
$6 - 4 = 2$	$7 - 5 = 2$	$8 - 6 = 2$
$7 - 4 = 3$	$8 - 5 = 3$	$9 - 6 = 3$
$8 - 4 = 4$	$9 - 5 = 4$	$10 - 6 = 4$
$9 - 4 = 5$	$10 - 5 = 5$	$11 - 6 = 5$
$10 - 4 = 6$	$11 - 5 = 6$	$12 - 6 = 6$
$11 - 4 = 7$	$12 - 5 = 7$	$13 - 6 = 7$
$12 - 4 = 8$	$13 - 5 = 8$	$14 - 6 = 8$
$13 - 4 = 9$	$14 - 5 = 9$	$15 - 6 = 9$
$8 - 7 = 1$	$9 - 8 = 1$	$10 - 9 = 1$
$9 - 7 = 2$	$10 - 8 = 2$	$11 - 9 = 2$
$10 - 7 = 3$	$11 - 8 = 3$	$12 - 9 = 3$
$11 - 7 = 4$	$12 - 8 = 4$	$13 - 9 = 4$
$12 - 7 = 5$	$13 - 8 = 5$	$14 - 9 = 5$
$13 - 7 = 6$	$14 - 8 = 6$	$15 - 9 = 6$
$14 - 7 = 7$	$15 - 8 = 7$	$16 - 9 = 7$
$15 - 7 = 8$	$16 - 8 = 8$	$17 - 9 = 8$
$16 - 7 = 9$	$17 - 8 = 9$	$18 - 9 = 9$

EXERCICES N° 6.

I. Écrire les nombre dont la différence en les prenant deux à deux est 10.

II. Faire le tableau des résultats obtenus en retranchant de 100 : 2, puis encore 2 ; et ainsi de suite jusqu'à ce que le reste soit 0 ; 2° faire le tableau des résultats obtenus en retranchant 2 de 99, puis 2 du résultat, et ainsi de suite, jusqu'à ce que le reste soit 1.

III. Faire le tableau des résultats obtenus en retranchant 3 successivement : 1° de 100 ; 2° de 99 ; 3° de 98, jusqu'à ce qu'on trouve pour reste 1, ou 0, ou 2.

IV. Tableau analogues pour 4, à partir de 100, de 99, de 98, de 97.

V. Mêmes tableaux pour 5 à partir de 100, de 99, de 98, de 97, de 96.

VI. Quel était, il y a 8 ans, l'âge d'une personne qui a 55 ans?

VII. Un thermomètre a monté depuis minuit jusqu'à dix heures du matin de 8°; sachant qu'à 10ʰ du matin il marquait 22°, combien marquait-il à minuit?

VIII. Quand on chauffe le bois en meules, 25ᵏᵍ de bois donnent environ 6ᵏᵍ de charbon; le reste, formé de divers gaz ou vapeurs se perd pendant l'opération; combien s'en perd-il dè kilogrammes?

IX. La distance en chemin de fer (rive gauche) de Paris à Versailles est de 18ᵏᵐ. Les stations sont, en comptant les distances à partir de Paris : 1° Clamart, à 6ᵏᵐ; 2° Meudon, à 8ᵏᵐ; Bellevue, à 9ᵏᵐ; 4° Sèvres, à 10ᵏᵐ; 5° Chaville, à 13ᵏᵐ; 6° Viroflay, à 14ᵏᵐ. Quelles sont les distances de chacune de ces stations à toutes les autres?

SEPTIÈME LEÇON.

IV. SOUSTRACTION (SUITE).

Soustraction sans retenue. — Remarque. — Deuxième cas. — Cas
particuliers. — Exercices.

27. Soustraction sans retenue.—Soit à ôter 25,34
de 86,76. Écrivez le plus grand nombre d'abord, et au-
dessous le plus petit, les unités de même ordre étant dans
la même colonne.

86,76
25,34
———
61,42

On peut dire : 4 centièmes ôtés de 6 centièmes, il reste
2 centièmes, que j'écris sous les centièmes des nombres
donnés; puis 3 dixièmes ôtés de 7 dixièmes, il reste
4 dixièmes, que j'écris sous les dixièmes; j'écris à gauche, sous les virgules des nombres donnés, une virgule,
pour séparer les 4 dixièmes écrits des unités que j'écrirai
à gauche; 5 unités ôtés de 6 unités, il reste 1 unité, que
j'écris sous les unités; 2 dizaines ôtées de 8 dizaines, il
reste 6 dizaines, que j'écris sous les dizaines. J'ai donc
pour reste 6 dizaines, 1 unité, 4 dixièmes, 2 centièmes,
ou 61,42; il n'y a qu'à lire le résultat tel qu'il est écrit.

On voit qu'il a suffi pour faire la soustraction d'ôter les
unités de chaque ordre appartenant au plus grand, en
écrivant les résultats par ordre suivant la nature des
unités obtenues; puis de réunir ces résultats en un seul
nombre.

28. Remarque. — *On ne change pas la différence de
deux nombres, en ajoutant à tous les deux un même nombre.*
De $9 + 3$ ou 12, ôtez $4 + 3$ ou 7.

$$9 + 3$$
$$4 + 3$$
$$\overline{5 + 0}$$

3 ôtés de 3 il reste zéro ; reste donc à retrancher 4 de 9, ce qui donne 5 ; en sorte que retrancher $4 + 3$ de $9 + 3$ donne le même résultat que retrancher 4 de 9.

Il suit de là *qu'on ne la changerait pas* non plus *la différence en diminuant les deux termes d'un même nombre.*

29. Deuxième cas. Ex. *Soit à ôter :* 3,645 *de* 12,782.

$$12,782$$
$$3,645$$
$$\overline{9,137}$$

Je dispose les deux nombres l'un sous l'autre, les unités de même ordre dans une même colonne, et je dis :

5 millièmes ne peuvent se retrancher de 2 millièmes ; j'augmente le nombre supérieur de 10 millièmes ou 1 centième ; ces 10 millièmes, réunis aux 2 millièmes écrits, font 12 millièmes ; 5 millièmes ôtés de 12 millièmes, il reste 7 millièmes, que j'écris. — Comme j'ai ajouté 10 millièmes, ou un centième au nombre supérieur, pour que la différence ne soit pas changée, j'ajoute aussi 1 centième au nombre inférieur ; je dis donc : 1 centième et 4 centièmes font 5 centièmes ; 5 centièmes de 8 centièmes, il reste 3 centièmes, que j'écris. — 6 dixièmes de 7 dixièmes, il reste 1 dixième, que j'écris. J'écris la virgule à gauche des dixièmes. — 3 unités ôtées de 12 unités, il reste 9 unités, que j'écris. Reste : 9,137.

Dans tous les cas, on pourra opérer de même ; de là la règle suivante :

Règle. *Pour soustraire un nombre d'un autre, on écrit le plus petit sous le plus grand, de manière que les unités de même ordre se correspondent ; on souligne le second nombre. — Ensuite, en commençant par la droite, on retranche successivement chaque chiffre inférieur du chiffre supérieur correspondant, et on écrit le reste sous la colonne qui l'a fourni.* — *Si le chiffre inférieur est plus fort que le chiffre supérieur, on ajoute 10 à ce dernier ; de la somme on retranche le chiffre inférieur, on écrit le reste au-dessous et on retient une unité ; passant à la colonne suivante, on augmente de cette unité retenue le chiffre inférieur avant de le retrancher du chiffre supérieur.* — *Si les nombres sont décimaux, on écrit dans le reste une virgule sous la virgule du nombre soustrait.*

30. Cas particuliers où il manque des chiffres de certains ordres.

Ex. I et II.

51,421	51 421
6,8	6 800
—	—
44,621	44 621

Dans l'un et l'autre de ces deux exemples, on commence l'opération de la manière suivante :

0 de 1, reste 1 ; j'écris 1 ; — 0 de 2, reste 2 ; j'écris 2 ; — 8 de 14, reste 6, etc. Ou mieux on dit simplement : 1, et on l'écrit au-dessous ; 2, et on l'écrit dessous ; 8 de 14, 6, etc.

Ex. III.

51,421
6,805
———
44,616

On dit : 5 de 11, reste 6, et je retiens 1 ; 1 de 2, reste 1 ; 8 de 14 reste 6, etc. Quand il y a une retenue à reporter sur zéro, on compte simplement la retenue que l'on retranche du chiffre supérieur.

Ex. IV et V.

514 200	514 000
68 400	68 400
—	—
445 800	445 600

IV. On dit : 0, et on l'écrit ; 0, et on l'écrit ; 4 de 12, 8, etc.

V. On dit : 0, et on l'écrit ; 0, et on l'écrit ; 4 de 10, reste 6 et je retiens 1 ; etc.

Quand les nombres sont terminés tous les deux par un certain nombre de zéros, on écrit au reste autant de zéros et la soustraction ne commence réellement qu'au premier chiffre significatif.

Ex. VI.

$$15,3$$
$$7,392$$
$$\overline{7,908}$$

VI. On dit : 2 de 10, 8, et je retiens 1; 1 et 9, 10; de 10, reste 0, et je retiens 1; 3 et 1, 4, de 13, 9; etc.

Quand les nombres sont décimaux, ou au moins le plus petit, et que ce dernier renferme plus de décimales que l'autre, on opère comme si l'on avait remplacé par autant de zéros les décimales qui manquent au plus grand nombre.

EXERCICES N° 7.

I. Faire le tableau des résultats obtenus en retranchant successivement 6 : 1° de 100, 2° de 99, 3° de 98, 4° de 97, 5° de 96, 6° de 95; jusqu'à ce qu'on trouve un reste moindre que le nombre retranché.

II. Mêmes tableaux pour 7.
III. — — pour 8.
IV. — — pour 9.
V. — — pour 10.

VI. En 1635 quel était l'âge de Rubens, et celui de Van Dick, le premier était né en 1577, le second en 1599.

VII. Une betterave blanche de Silésie (espèce la plus productive) cultivée dans un sol formé de sable pur d'alluvion, a rendu 75^{kg},76 en tout; savoir : 59^{kg},20 en racines; le reste en feuilles; combien a-t-elle rendu en feuilles?

VIII. Une betterave pareille, cultivée dans un sable tourbeux, a rendu 45^{kg},78 de racines et 12^{kg},08 de feuilles; combien celle du problème précédent a-t-elle rendu de plus en racines, en feuilles, en totalité?

IX. La population de la Haute-Garonne, en 1851, était de 481 610. En 1864, elle était de 484 081; de combien s'était-elle accrue?

X. Dans ce département, les arrondissements de Toulouse, Muret, Saint-Gaudens, Villefranche avaient en 1851 respectivement : 171 487, 92 988, 147 096, 65 039 habitants; et en 1864 : 193 651, 92 465, 136 982, 60 983. Quels sont, parmi ces arrondissements, ceux dont la population a augmenté ou diminué? de combien?

HUITIÈME LEÇON.

IV. SOUSTRACTION (SUITE).

Preuves de la soustraction. — Calcul mental. — Simplications.
Exercices.

31. Preuves de la soustraction. — 1° PREUVE PAR L'ADDITION. *On ajoute le plus petit nombre au reste ; on doit retrouver le plus grand.* On a remarqué, en effet, que le plus grand nombre est la somme du petit nombre et du reste.

EXEMPLE :

$$\begin{array}{r} 8\,171,205 \\ 534,071 \\ \hline 7\,637,134 \\ \hline 8\,171,205 \end{array}$$

La soustraction étant faite, j'additionne le plus petit nombre 534,071, avec le reste 7637,134 ; je dois retrouver le plus grand, 8171,205.

2° PREUVE PAR LA SOUSTRACTION. *Du plus grand nombre on ôte le reste ; on doit retrouver le plus petit.* Cela résulte de ce que le plus grand nombre est la somme du plus petit et du reste.

Considérant l'exemple précédent, j'ôte du plus grand nombre 8171,205, le reste 7637,134 ; je dois retrouver pour reste le plus petit, 534,071.

$$\begin{array}{r} 8\,171,205 \\ 7\,637,344 \\ \hline 534,071 \end{array}$$

32. Calcul mental. — Dans la soustraction comme dans l'addition, si l'on veut calculer de tête, on ne cherche pas à se figurer l'opération écrite : du 1er nombre pris d'ensemble, on retranche les plus hautes unités du plus petit, puis les unités suivantes, et ainsi de suite.

Ainsi pour soustraire de 3524 le nombre 2712 on dirait 3524 moins 2000, 1524; j'en ôte 700, il reste 824; j'en ôte encore 10, il reste 814; et enfin 2, il reste 812.

On opère plus rapidement en retranchant, si cela est possible, plusieurs ordres d'unités à la fois; dans l'exemple précédent on dirait : 35 centaines, 24 unités, moins 27 centaines, il reste 8 centaines et 24 unités, ou 824; ôtant encore 12, il reste 812.

33. Des simplifications dans la soustraction. — 1° Quand on diminue les deux nombres du même nombre d'unités, on n'en change pas la différence. Ainsi pour retrancher 47 de 77, on retranche simplement 40 de 70, ce qui donne 30.

2° Quand on augmente les deux nombres de la même quantité, la différence ne change pas; pour retrancher 49 de 99, on retranchera 49 + 1 ou 50 de 99 + 1 ou 100; on trouvera, sans calcul, le reste 50.

3° Quand on augmente le plus grand nombre d'une certaine quantité, la différence augmente d'autant : pour retrancher 25 de 72, on dira : 75 moins 25, il reste 50; donc 72 moins 25, il reste 3 de moins ou 47.

4° Quand on diminue le plus grand nombre d'une certaine quantité, la différence diminue d'autant : pour retrancher de 77 le nombre 25, on dira : 75 moins 25, reste 50; donc 77 moins 25, reste 52.

5° Quand on augmente le plus petit nombre d'une certaine quantité, la différence diminue d'autant : pour retrancher de 120 le nombre 38, on dira : 120 moins 40, reste 80; donc 120 moins 38, reste 82.

6° Quand on diminue le plus petit nombre, la différence augmente d'autant : pour retrancher 22 de 70, on dira : 70 moins 20, reste 50; donc 70 moins 22, reste 48. Cela revient à décomposer le nombre à retrancher en plusieurs autres dont la soustraction soit plus facile. C'est ainsi que, pour soustraire 27 de 325, on dira : 325 moins 25, 300; moins 2, 298; en décomposant 27 en 25 et 2.

7° Quelquefois on fait l'opération inverse ; on réunit en un seul plusieurs nombres à retrancher. Soit à retrancher de 2375 les nombres 120, 55 et 500. On voit de suite que 120 et 55 font 175, qui, ôtés de 2375, donnent pour reste 2200 ; 2200 moins 500 font 1700.

EXERCICES N° 9.

I. Faire le tableau des résultats obtenus en retranchant de 100 les nombres entiers inférieurs terminés par zéro ou par 5.

II. Faire le tableau des résultats obtenus en retranchant de 1 : 1° tous les nombres de dixièmes ; 2° tous les nombres de centièmes terminés par 5.

III. En 1862, il est né en France 995 167 enfants ; le nombre des décès a été de 812 978 ; de combien la population s'est-elle accrue ?

IV. A Bourg (Ain), le sommet de la lanterne de l'église Notre-Dame est à $275^m,1$ au-dessus de la mer ; le sol, au pied de l'église, est à $227^m,1$ au-dessus de la mer ; quelle est la hauteur de la lanterne au-dessus du sol ?

V. Dans le département de Saône-et-Loire, le sol de la cathédrale d'Autun est à $379^m,1$ au-dessus de la mer ; le haut du clocher de Saint-Pierre à Châlon est à $228^m,3$ au-dessus de la mer, et ce monument a $49^m,9$ d'élévation ; de combien le sol d'Autun est-il plus haut que celui de Châlon ?

VI. Quand on distille, comme dans les usines à gaz d'éclairage, de la houille de bonne qualité, on obtient du coke qui reste dans la cornue et des produits gazeux, parmi lesquels le gaz d'éclairage. 100 kilogrammes de houille donnent environ $68^{kg},5$ de coke ; le reste est l'ensemble des produits gazeux : combien pèsent-ils ?

VII. Cette même houille étant supposée contenir sur 100 kilogrammes, $87^{kg},45$ de carbone, $5^{kg},14$ d'hydrogène, $5^{kg},63$ d'oxygène et d'azote, et le reste en cendres, quel est le poids de la cendre produite par 100 kilogrammes ?

VIII. 100 kilogrammes de potasse du commerce ont donné à l'analyse $3^{kg},29$ d'acide phosphoreux, chaux, silice, etc. ; $4^{kg},56$ d'eau, et un résidu insoluble de $0^{kg},44$; le reste en sels de potasse et de soude, sels solubles qui constituent la valeur de la potasse ; combien ces 100 kilogrammes de potasse contiennent-ils de sels solubles ?

IX. Quel est le nombre qui, augmenté de 2788,54, donnerait pour somme 25 724,72 ?

X. Quel nombre diminué de 23 741,891 donnerait pour reste 12 314,171 ?

XI. Quel nombre augmenté de 1792,75 et diminué de 3876,50 donnerait pour résultat 723,05 ?

NEUVIÈME LEÇON.

IV. SOUSTRACTION (SUITE).

Usages de la soustraction. — Applications. — Emploi de la soustraction et de l'addition combinées. — Applications. — Exercices.

34. Usages de la soustraction. — Ces usages
sont du même genre que ceux de l'addition : elle sert à
effectuer la division et beaucoup d'autres calculs; elle
trouve son application dans un grand nombre de questions pratiques. Les principaux problèmes usuels où elle
est employée seule s'appliquent aux divers objets ci-
dessous.

I. A-compte sur une dette.

II. Bénéfice ou perte sur une vente.

III. Reste en caisse après une dépense faite.

IV. Reste en magasin après une sortie de marchandises.

V. Augmentation ou diminution d'une grandeur quand
elle a passé d'une valeur à une autre plus grande ou plus
petite.

VI. Statistique : accroissement ou diminution de la population, de la consommation, etc.

VII. Différence de temps entre deux dates.

35. Applications. — PROBLÈME I. *Sur une dette de 2475
francs, le débiteur a payé* 321^f,75; *combien doit-il encore?*

Solution. Il redoit l'excès de 2475 francs sur 321^f,75.

Dû.............	2475^f »
Payé	321^f,75
Reste dû........	2153^f,25

Réponse : 2153^f,25.

Problème II. *Un marchand de café a acheté en gros pour 1290ᶠ,30 une balle de cette denrée ; il la revend en détail et en tire 1684ᶠ,25 ; quel est le bénéfice brut qu'il a fait sur cette vente ?*

Solution. Son bénéfice brut est l'excès de 1684ᶠ,25 sur 1290ᶠ,30.

$$
\begin{array}{ll}
\text{Prix de vente...} & 1684^\text{f},25 \\
\text{Prix d'achat....} & 1290^\text{f},30 \\
\hline
\text{Bénéfice brut...} & 393^\text{f},95
\end{array}
$$

Réponse : 393ᶠ,95.

Problème III. *Un banquier avait en caisse au commencement de la journée 27 645ᶠ,20 ; il fait un premier payement de 5897ᶠ,50. Après avoir payé il craint d'avoir remis, par erreur, plus que cette somme ; il vérifie donc sa caisse : combien doit-il y retrouver ?*

Solution. De 27 645ᶠ,20, il a dû ôter 5897ᶠ,50. Donc en ôtant le second nombre du premier, le reste sera la somme qu'il doit retrouver en caisse.

$$
\begin{array}{ll}
\text{En caisse avant le payement..} & 27\ 645^\text{f},20 \\
\text{Somme payée ....} & 5\ 897^\text{f},50 \\
\hline
\text{Reste en caisse............} & 21\ 747^\text{f},70
\end{array}
$$

Réponse : 21 747ᶠ,70.

Problème IV. *Un marchand de bois avait 3485 stères de bois de chauffage dans son chantier, au commencement de l'hiver. A la fin de l'hiver, il se trouve avoir vendu 2986 stères ; combien doit-il en rester sur son chantier ?*

Solution. Il y avait dans le chantier 3485 stères ; il en a ôté 2986 ; ôtons de même 2986 stères de 3485 stères, nous trouverons ce qui doit rester au chantier.

$$
\begin{array}{ll}
\text{En magasin.......} & 3485 \text{ st.} \\
\text{Sortis...........} & 2986 \text{ st.} \\
\hline
\text{Reste en magasin...} & 499 \text{ st.}
\end{array}
$$

Réponse : 499 stères.

Problème V. *Une propriété agricole était estimée 85 800 francs. Par suite de mauvaise culture, la qualité du sol a diminué, et la propriété n'est plus estimée que 68 000 francs. De combien sa valeur a-t-elle diminué ?*

Solution. Si à la valeur qu'elle a encore on ajoutait la valeur perdue, la somme serait sa valeur primitive. Si de la somme on retranche la partie connue ou la valeur actuelle, on aura pour reste l'autre partie ou la valeur perdue.

$$
\begin{array}{lr}
\text{Valeur primitive.....} & 85\,800^{f} \\
\text{Valeur actuelle......} & 68\,000^{f} \\
\hline
\text{Valeur perdue......} & 17\,800^{f}
\end{array}
$$

Vérification : somme des deux derniers
    nombres égale à la valeur primitive. $85\,800^{f}$

Réponse : $17\,800^{f}$.

PROBLÈME **VI**. *La population de la France, en 1846, était de* **35 401 761**; *en 1856, elle était de* **36 039 364**; *de combien a-t-elle augmenté?*

Solution. La population s'est évidemment accrue de ce qui, ajouté à 35 401 761, donne pour somme 36 039 364. Puisque ce second nombre est la somme du premier et du nombre cherché, le nombre cherché est le résultat obtenu en soustrayant le premier du second.

$$
\begin{array}{lr}
\text{Population en 1856..} & 36\,039\,364 \\
\text{Population en 1846..} & 35\,401\,761 \\
\hline
\text{Accroissement......} & 637\,603
\end{array}
$$

Vérification : somme des deux derniers
    nombres égale à la population de 1856.. 36 039 364

Réponse : 637 603.

PROBLÈME **VII**. *La réforme grégorienne du calendrier a eu lieu en 1582; combien y a-t-il de temps, en 1866, que le calendrier grégorien est en usage?*

Solution. Les années qui se sont écoulées depuis 1582, se sont ajoutées à cette date, une à une, pour former la date 1866; ce nombre est donc la somme de 1582 et du nombre demandé; celui-ci s'obtiendra donc en soustrayant 1582 de 1866.

$$
\begin{array}{lr}
\text{Date actuelle................} & 1866 \\
\text{Date de la réforme grégorienne.} & 1582 \\
\hline
\text{Années écoulées............} & 284
\end{array}
$$

Vérification : somme des deux derniers nombres 1866

Réponse : 284 ans.

36. Emploi de la soustraction et de l'addition combinées. — L'addition et la soustraction combinées résolvent un grand nombre de questions usuelles de même nature que les précédentes et seulement un peu plus complexes.

I. A-compte successifs.

II. Bénéfices ou pertes formés de plusieurs éléments réunis.

III. Mouvement de caisse résultant de payements et de recettes.

IV. Mouvement des marchandises en magasin, sorties et entrées de toute espèce.

V. Augmentation ou diminution d'une valeur provenant de divers éléments réunis.

VI. Statistique : mouvement de la population. — Importations et exportations, et autres statistiques analogues.

Toutes ces questions se traitent de la même manière; nous n'en donnerons que trois exemples.

37. Applications. — PROBLÈME I. DÉPENSES SUCCESSIVES. *Un commerçant avait en caisse 54 812 francs; avant d'avoir rien reçu, il a payé 2341 francs en une fois; 6812 en une autre; 45 francs une troisième fois; combien lui reste-t-il après ces trois payements?*

Solution. Son encaisse diminuerait de la même quantité s'il payait les trois sommes en une seule; on fera donc la somme totale des trois payements, on retranchera cette somme de l'encaisse primitif, et le reste sera l'encaisse final.

Encaisse primitif 54 812^f

1re somme payée..		2 341^f
2e —		6 812
3e —		45
Somme de payements		9 198
Encaisse final.......		45 614
Total égal.........		54 812

Encaisse à nouveau 45 614.

Soustraction faite à part... 54 812
                             9 198
                            ‾‾‾‾‾‾‾
                            45 614

Réponse : 45 614 francs.

Problème II. Compte de dépenses et de recettes successives.
*Un commerçant, dans une année, a déboursé : 1° pour achat de
marchandises, 282 575ᶠ,75 ; 2° pour son loyer 4500 francs ; 3° pour
traitements d'employés 21 875ᶠ,50 ; 4° pour frais d'intérieur,
12 524ᶠ,25 ; 5° pour payement de billets et traites, 14 825ᶠ,20. Au
commencement de l'année, il avait en caisse 646ᶠ,25 en monnaie,
5300 francs en billets de banque. Il a encaissé pendant l'année :
1° la recette de ses ventes, 332 895ᶠ,15 ; 2° le montant de billets
qui lui ont été payés, 6720ᶠ,45. Combien doit-il avoir en caisse à
la fin de l'année ?*

Solution. En réunissant en un seul nombre, sous le nom de
recettes, ce qu'il avait en caisse et ce qu'il a reçu dans le courant de l'année, on aura la somme qui serait en caisse s'il n'a-
vait rien déboursé. Si, d'une autre part, on réunit, sous le nom
de dépenses, toutes les sommes déboursées, en une seule, l'excès
de la recette sur la dépense indiquera l'état final de la caisse.
Les opérations se disposent comme ci-dessous :

Recettes.		Dépenses	
En caisse, monnaie.	646ᶠ,25	Achat de marchandises..........	282 575ᶠ,75
— billets...	5 300 »	Loyer...........	4 500 »
Recette des ventes..	332 895 ,15	Traitements d'employés........	21 875 ,50
Billets encaissés....	6 720 ,45	Frais d'intérieur..	12 524 ,25
Total des recettes..	345 561 ,85	Payement de billets	14 825 ,20
		Total des dépenses.	336 300ᶠ,70
		Encaissé à la fin de l'année........	9 261 ,15
		Total égal...	345 561ᶠ,85

Encaisse à nouveau, 9261ᶠ,15.

Opération à part :

$$345\,561^f,85$$
$$336\,300^f,70$$
$$9\,261^f,15$$

Après avoir fait le total des recettes d'un côté, celui des dépenses de l'autre côté, on fait à part la différence des recettes et
dépenses ; on l'écrit sous le plus faible des deux ; on l'y ajoute ;
la somme doit être un total égal au plus fort. En recommençant

le compte, on porte du côté des recettes la somme qui reste en caisse à la fin de l'année.

Réponse : 9261^f,15.

PROBLÈME III. *Le stock* (1) *des cotons dans les magasins du Havre, au 1er janvier 1866, était de 34 280 balles ; les arrivages (entrées en magasin) dans l'année ont été de 335 515 balles ; les débouchés (sorties) ont été, dans le même temps, de 470 050 balles, quel est le stock au 31 décembre 1866 ?*

Solution. Même raisonnement et même disposition qu'au problème II.

Entrées	Balles.	Sorties.	Balles.
Stock au 1er janvier...	34 280	Débouchés de l'année.	470 050
Arrivages de l'année...	535 515	Stock 31 décembre....	99 745
Total des entrées......	569 795	Total égal......	569 795
Stock au 31 décembre..	99 745		

Opération faite à part :

```
  569 795
  470 050
  ───────
   99 745
```

Réponse : 99 745 balles.

EXERCICES N° 9.

I. Sur une dette de 2797^f,20, le débiteur a payé : 1° 234^f,75 ; 2° 810^f,20 ; 3° 534^f,40 ; 4° 144^f,20 ; 5° 76^f,55 ; combien doit-il encore ?

II. Un rentier avait en dépôt dans une maison de banque 8720^f ; il en a retiré à diverses reprises : 1° 175^f ; 2° 220^f,25 ; 3° 504^f,30 ; 4° 372^f,40 ; 5° 992^f,25 ; 6° 1328^f,75. — Il a à diverses reprises placé dans la même maison : 1° 2800^f ; 2° 570^f,50 ; 3° 700^f. Combien, après toutes ces opérations, a-t-il chez son banquier ? De combien ses valeurs placées ont-elles augmenté ou diminué ?

III. Un commerçant a acheté pour 5700 francs de marchandises ; il compte que ses frais pour l'emmagasinage, le transport, etc., peuvent s'élever à 127^f,25 ; il veut vendre 6200 francs ces mêmes marchandises ; quel sera son bénéfice net ?

(1) *Stock*, mot anglais francisé, veut dire proprement *base, fonds, fourniture.* En français on désigne par ce mot la masse des marchandises ou des valeurs en magasin ou en caisse à un moment donné.

IV. Le nombre des décès en 1864, dans l'enceinte de la ville de Paris, a été de 44 412. Sur ce nombre il y a 24 009 décès d'enfants âgés de moins de 10 ans; combien y a-t il de décès de personnes âgées de 10 ans et plus?

V. La population totale de la ville de Paris, au 1er janvier 1864, était de 1 696 141; dans le courant de l'année, les naissances ont été : à domicile 23 823 garçons et 23 320 filles; dans les hôpitaux 3408 garçons et 3284 filles. Les décès étant en tout au nombre de 44 812, de combien la ville de Paris s'est-elle accrue ou diminuée? Quelle a dû être la population au commencement de 1865?

VI. Les recettes d'une compagnie maritime pendant l'année 1865 ont été de : 1° recettes diverses 11 098 577^f,22; 2° subvention reçue de l'État : 5 715 698^f,23. — Les dépenses ont été : 1° pour l'exploitation 10 652 326^f,04; 2° pour frais généraux 350 369^f,95.— Sur les bénéfices de cette compagnie, il a été affecté : 1° au remboursement, 423 936^f,12; 2° au fonds de réserve pour amortissement, 1 006 246^f,21; 3° à la réserve pour assurance, 170 817^f.30; 4° à la réserve statutaire, 210 569^f,85; 5° au crédit mobilier 400 000^f.— Le reste a été distribué aux actionnaires. Quels ont été les bénéfices bruts de la compagnie? Combien les actionnaires ont-ils reçu sur ces bénéfices?

VII. Un commerçant avait en caisse, au commencement de l'année 1864, 500 000 francs. — Il a reçu en janvier 338 520^f,30: en février 360 812^f,20; en mars 430 720^f,10; en avril 432 510^f,15; en mai 420 780^f,25; en juin 421 872^f,45; en juillet 380 812^f,75; en août 364 711^f,40; en septembre 345 721^f,25; en octobre 348 611^f,50; en novembre 327 812^f,30; en décembre 317 845^f,25. — D'un autre côté, il a payé, en janvier 400 375^f,20, en février 380 815^f,30; en mars 187 215^f,20; en avril 240 820^f,30; en mai 151 882^f,25; en juin 128 712^f; en juillet 134 812^f,40; en août 220 812^f,45; en septembre 250 899^f,25; en octobre 431 712^f,85; en novembre 692 721^f,70; en décembre 734 875^f,25. Sur ce qu'il a en caisse à la fin de l'année, il ne garde que 500 000 francs, et il place le reste : quelle est la somme qu'il place ainsi?

VIII. Descartes né en 1596 est mort en 1650; à quel âge?

Malebranche	1638	1715;	—
Locke	1632	1704;	—
Spinosa	1632	1677;	—

IX. En ajoutant à un nombre inconnu le nombre 54 749^f,50; en retranchant du résultat 24 859^f,25; en ajoutant à cette différence 1051^f,04; en retranchant 17 895^f,37; en retranchant encore 12 012^f,73 et y rajoutant enfin 25 344^f,30, on a trouvé 71 346^f,36 pour résultat. Quel était le nombre inconnu?

X. De quel nombre a-t-on retranché 36, deux fois de suite; 42, trois fois de suite; 59, deux fois de suite; pour que le reste, diminué de 12 et augmenté de 16 donne pour résultat 75?

DIXIÈME LEÇON.

V. MULTIPLICATION.

Définitions; signe. — Premier cas. — Multiple. — Deuxième cas. — Application de la règle. — Cas particuliers.— Exercices.

38. Définitions ; signe. — *Multiplier un nombre par un nombre entier, c'est répéter le premier autant de fois qu'il y a d'unités dans le second.* L'opération que l'on fait se nomme *multiplication ;* le nombre que l'on multiplie s'appelle *multiplicande ;* le nombre par lequel on le multiplie s'appelle *multiplicateur.* Le résultat de la multiplication s'appelle *produit.* Le multiplicande et le multiplicateur reçoivent le nom commun de *facteurs* du produit. On indique la multiplication par le signe $\times$ placé entre les deux facteurs : ainsi 4×3 se lit 4 multiplié par 3.

PROBLÈME. *Un sac de farine pèse* 157^{kg} ; *quelle est la charge d'une voiture qui contient 4 sacs pareils ?*

Solution. Cette charge est la somme des poids des 4 sacs, savoir :

1er sac...........................	157 kilog.
2e —...........................	157 —
3e —...........................	157 —
4e —...........................	157 —
Poids total des 4 sacs.........	628 kilog.

Réponse : 628^{kg}.

On a répété 4 fois 157, ou multiplié 157 par 4. 157 est le multiplicande, 4 est le multiplicateur ; 628 est le produit :

$$157 \times 4 = 628$$

39. Premier cas.—*Multiplier un nombre d'un seul chiffre par un nombre d'un seul chiffre.* Soit 4 à multi-

plier par 3. On peut résoudre la question en additionnant
3 nombres égaux à 4 :

$$
\begin{array}{r}
4 \\
4 \\
4 \\
\hline
12
\end{array}
$$

$4 \times 3 = 12$. Mais comme les produits des deux facteurs
d'un seul chiffre se présentent très-fréquemment, il est in-
dispensable de les retenir de mémoire. À cet effet, on les
a réunis dans le tableau suivant :

TABLEAU DE MULTIPLICATION

1 fois 1 fait 1	2 fois 1 font 2	3 fois 1 font 3
1 — 2 — 2	2 — 2 — 4	3 — 2 — 6
1 — 3 — 3	2 — 3 — 6	3 — 3 — 9
1 — 4 — 4	2 — 4 — 8	3 — 4 — 12
1 — 5 — 5	2 — 5 — 10	3 — 5 — 15
1 — 6 — 6	2 — 6 — 12	3 — 6 — 18
1 — 7 — 7	2 — 7 — 14	3 — 7 — 21
1 — 8 — 8	2 — 8 — 16	3 — 8 — 24
1 — 9 — 9	2 — 9 — 18	3 — 9 — 27
4 fois 1 font 4	5 fois 1 font 5	6 fois 1 font 6
4 — 2 — 8	5 — 2 — 10	6 — 2 — 12
4 — 3 — 12	5 — 3 — 15	6 — 3 — 18
4 — 4 — 16	5 — 4 — 20	6 — 4 — 24
4 — 5 — 20	5 — 5 — 25	6 — 5 — 30
4 — 6 — 24	5 — 6 — 30	6 — 6 — 36
4 — 7 — 28	5 — 7 — 35	6 — 7 — 42
4 — 8 — 32	5 — 8 — 40	6 — 8 — 48
4 — 9 — 36	5 — 9 — 45	6 — 9 — 54
7 fois 1 font 7	8 fois 1 font 8	9 fois 1 font 9
7 — 2 — 14	8 — 2 — 16	9 — 2 — 18
7 — 3 — 21	8 — 3 — 24	9 — 3 — 27
7 — 4 — 28	8 — 4 — 32	9 — 4 — 36
7 — 5 — 35	8 — 5 — 40	9 — 5 — 45
7 — 6 — 42	8 — 6 — 48	9 — 6 — 54
7 — 7 — 49	8 — 7 — 56	9 — 7 — 63
7 — 8 — 56	8 — 8 — 64	9 — 8 — 72
7 — 9 — 63	8 — 9 — 72	9 — 9 — 81

40. Multiple. — On nomme multiple d'un nombre le produit de celui-ci par un nombre entier.

$$2 \times 1 = 2; \quad 2 \times 2 = 4; \quad 2 \times 3 = 6; \quad 2 \times 4 = 8\ldots$$
$$2 \times 10 = 20; \quad 2 \times 100 = 200\ldots$$

ont des multiples de 2.

Tout multiple d'un nombre entier est un nombre entier.

41. Deuxième cas. — *Multiplier un nombre de plusieurs chiffres par un nombre d'un seul.*

Dans le problème du n° 38, on a répété 4 fois 157 en ajoutant 4 nombres égaux à 157 ; refaisons cette addition :

$$
\begin{array}{r}
157 \\
157 \\
157 \\
157 \\
\hline
628
\end{array}
$$

Au lieu de dire : **7 et 7, 14 ; et 7, 21** ; etc., comme on sait combien valent 4 fois 7, on dit simplement : 4 fois 7, 28 ; je pose 8, et je retiens 2 ; de même à la seconde colonne : 4 fois 5, 20, et 2 de retenus, 22 ; je pose 2 et je retiens 2 ; de même encore à la colonne qui suit : 4 fois 1, 4 ; et 2 de retenus, 6, que j'écris. Produit 628.

RÈGLE. *Pour multiplier un nombre de plusieurs chiffres par un nombre d'un seul, on multiplie successivement, en commençant par la droite, chaque chiffre du multiplicande par le multiplicateur. Un de ces produits partiels étant trouvé, s'il ne surpasse pas 9, on l'écrit tel qu'il est sous le chiffre du multiplicande que l'on a multiplié ; s'il surpasse 9, on en écrit seulement les unités, et l'on en retient les dizaines, pour les ajouter comme unités au produit partiel suivant ; on continue ainsi jusqu'au dernier chiffre à gauche du multiplicande, dont on écrit le produit tel qu'on le trouve.*

42. Application de la règle. — Ex. : *Multiplier 2437*

par 8. C'est répéter 2437, 8 fois ; on écrira 2437, et au-dessous le chiffre 8 :

$$2437$$
$$8$$
$$\overline{19496}$$

On tirera un trait pour séparer ce nombre du résultat, et l'on dira : 8 fois 7 unités, 56 unités ; j'écris 6 unités et je retiens 5 dizaines ; 8 fois 3 dizaines, 24 dizaines ; et 5 dizaines retenues, 29 dizaines ; je pose 9 dizaines et je retiens 2 centaines ; 8 fois 4 centaines, 32 centaines ; et 2 centaines retenues, 34 centaines ; je pose 4 centaines et je retiens 3 mille ; 8 fois 2 mille, 16 mille ; et 3 mille retenus, 9 mille ; je pose 9 aux mille et 1 à sa gauche pour représenter les dizaines de mille. Le produit est 19 496.

DISPOSITION ORDINAIRE DU CALCUL. Le plus souvent on n'écrit pas même le multiplicateur au-dessous du multiplicande, on effectue le produit en suivant la règle, et on l'écrit immédiatement au-dessous du multiplicande.

Exemple :

$$2437 \times 8$$
Produit.... 19496

43. Cas particuliers. — I. *Multiplication par* 10, 100, 1000. Multiplier un nombre par 10, 100, 1000, c'est le répéter 10, 100, 1000 fois ou le rendre 10, 100, 1000 fois plus grand, on sait faire cette opération : si le nombre est entier on écrit à sa droite 1, 2, 3 zéros ; s'il est décimal, on déplace la virgule de 1, 2, 3 rangs vers la droite.

Ex. : $328 \times 100 = 32\,800$, $13,487 \times 10 = 134,87$.

II. *Multiplication par un nombre formé d'un seul chiffre significatif suivi d'un ou plusieurs zéros.* Soit un nombre entier quelconque, 645 à multiplier par 300, ou à répéter 300 fois.

300 est 100 fois 3 unités ; le produit doit être 100 fois 3 nombres égaux à 645 ; il faut donc trouver la somme de 3 nombres égaux à 645 ; et la répéter 100 fois :

$$\begin{array}{r} 645 \\ 3 \\ \hline 1935 \end{array}$$

3 fois 645 font 1935; 100 fois 1935 s'obtiennent (43) en écrivant à la droite de ce nombre deux zéros. Le produit est donc 193 500 ou 1935 centaines.

Il faut donc dans ce cas multiplier le multiplicande par le chiffre significatif du multiplicateur, et faire exprimer à ce produit des unités de l'ordre du chiffre significatif du multiplicateur, ou, ce qui revient au même, écrire à la droite de ce produit autant de zéros qu'il y en a à la droite du multiplicateur.

EXERCICES N° 10.

I. Faire le tableau des cent premiers multiples de 2, 3, 4, 5, 6, 7, 8, 9, 10.

II. Faire le tableau des 10 premiers multiples de 25, de 50, de 75 et de 125.

III. Combien coûtent 7 mètres d'étoffe à 1^f le mètre?

IV. 1 kilog. de sucre coûte 1^f,50; combien coûtera un pain de sucre pesant 9 kilog.; combien coûteront 8 pains du même poids (en ne multipliant que des nombres entiers)?

V. Une école contient 18 bancs; sur chacun d'eux il y a 8 élèves, excepté sur le dernier où il manque 5 élèves; combien y a-t-il d'élèves dans cette école?

VI. Une personne dépense par heure pour la respiration 6 mètres cubes d'air. Chaque mètre cube pèse environ 7740 grammes, et contient 1780 grammes d'oxygène, et le reste en azote. Combien sera-t-il dépensé d'air, en volume et en poids, et combien d'oxygène et d'azote en poids dans une classe contenant 50 élèves?

VII. Au pas ordinaire un piéton fait par minute 76 pas; combien en fera-t-il dans 1 heure?

VIII. Un grand enclos fermé par 4 côtés égaux, de 2833^m chacun est bordé d'un treillage qui coûte tout posé 2^f le mètre courant; quel sera le prix de ce treillage?

IX. Le son parcourt 340 mètres dans une seconde, combien parcourt-il dans 5 heures?

X. La circonférence d'une roue dentée a 80 dents, de 12^{mm} de large; entre deux dents, il y a un espace vide égal à la largeur d'une dent. Quelle est la longueur de cette circonférence développée? quel espace parcourt une dent, quand la roue fait 700 tours?

ONZIÈME LEÇON.

V. MULTIPLICATION (SUITE).

Troisième cas. — Application de la règle. — Cas particuliers. —
Exercices.

44. Troisième cas. — *Multiplication d'un nombre entier quelconque par un autre nombre entier quelconque.*
Soit à multiplier 5467 par 328. C'est répéter 5467, 328
fois, ou le répéter d'abord 8 fois, puis 20 fois, puis 300
fois, et ajouter ensemble les résultats obtenus. Écrivons
5467 et au-dessous 328 :

$$
\begin{array}{r}
5467 \\
328 \\
\hline
43\,736 \\
10\,934 \\
16\,401 \\
\hline
1\,793\,176
\end{array}
$$

1° 8 fois 5467 (2ᵉ cas, n° 41) font 43 736 ; écrivons ce
nombre sous le multiplicateur, de façon que son premier
chiffre à droite soit sous les unités du multiplicateur,
c'est-à-dire sous le chiffre du multiplicateur qui a servi à
former ce premier produit partiel ;

2° 20 fois 5467 (2ᵉ cas, n° 43) font 10 934 dizaines ;
écrivons ce nombre sous le produit précédent, de façon
que son dernier chiffre à droite, qui représente des dizaines, soit sous les dizaines du multiplicateur, c'est-à-dire
sous le chiffre du multiplicateur qui a servi à former ce
second produit partiel ;

3° 300 fois 5467 font 16 401 centaines ; écrivons ce
nombre sous le produit précédent, de façon que son dernier chiffre à droite, qui représente des centaines, soit

sous les centaines du multiplicateur, c'est-à-dire sous le chiffre du multiplicateur qui a servi à former ce troisième produit partiel ;

4° Reste à additionner ces trois produits partiels ; comme les unités de même ordre se correspondent, d'après la façon dont ils ont été écrits, il n'y a qu'à en faire l'addition d'après la règle. On trouve pour *produit total* 1 793 176.

RÈGLE : *Pour multiplier un nombre entier quelconque par un autre nombre entier quelconque, on écrit le multiplicateur sous le multiplicande, on souligne le tout ; on multiplie le multiplicande successivement par chacun des chiffres du multiplicateur, en ayant soin de placer le dernier chiffre à droite de chaque produit partiel sous le chiffre du multiplicateur qui a servi à le former. On additionne ensuite tous ces produits partiels ; la somme obtenue est le produit total.*

45. Application de la règle.— Soit 9352 à multiplier par 876.

J'écris le second nombre sous le premier, je souligne et je dis :

$$\begin{array}{r} 9\ 3\ 5\ 2 \\ 8\ 7\ 6 \\ \hline 5\ 6\ 1\ 1\ 2 \\ 6\ 5\ 4\ 6\ 4 \\ 7\ 4\ 8\ 1\ 6 \\ \hline 8\ 1\ 9\ 2\ 3\ 5\ 2 \end{array}$$

1° 6 fois 2, 12 ; je pose 2 et je retiens 1 ; 6 fois 5, 30, et 1 de retenu 31, je pose 1 et je retiens 3 ; 6 fois 3, 18, et 3 de retenus, 21 ; je pose 1 et je retiens 2 ; 6 fois 9, 54, et 2 de retenus 56, que j'écris. — 2° 7 fois 2, 14 ; je pose 4 (dans la colonne du chiffre 7 du multiplicateur), et je retiens 1 ; 7 fois 5, 35 ; et 1 de retenu, 36 ; je pose 6 et je retiens 3 ; 7 fois 3, 21 ; et 3 de retenus, 24 ; je pose 4 et je retiens 2 ; 7 fois 9, 63, et 2 de retenus 65 ; j'écris 65. — 3° 8 fois 2, 16 ; je pose 6 (sous le chiffre 8 du multiplicateur) et je retiens 1 ; 8 fois 5, 40, et 1 de retenu, 41 ; je pose 1 et je retiens 4 ; 8 fois 3, 24, et 4 de retenus 28 ; et je pose 8 et je re-

tiens 2; 8 fois 9, 72, et 2 de rétenus 74, que j'écris. — 4° je
souligne et j'additionne lés produits partiels; j'écris 2; 1 et 4,
5, que j'écris; 1 et 6, 7; et 6, 13; je pose 3 et je retiens 1; —
1 de retenu et 6, 7; et 4, 11; et 1, 12; je pose 2 et je retiens 1;
— 1 de retenu et 5, 6; et 5, 11; et 8, 19; je pose 9, et je retiens 1;
1 et 6, 7; et 4, 11; je pose 1 et je retiens 1; 1 et 7, 8; je pose 8.
Produit total : 8 192 352.

46. Cas particuliers. — I. La règle s'applique également au cas où il se trouverait un zéro dans le multiplicateur.

Soit 537 à multiplier par 801; le premier produit partiel est 1 fois 537; on l'écrit; le second est 8 fois 537 ou
4296;

$$
\begin{array}{r}
5\,3\,7 \\
8\,0\,1 \\
\hline
5\,3\,7 \\
4\,2\,9\,6 \\
\hline
4\,3\,0\,1\,3\,7
\end{array}
$$

on écrit le premier chiffre de ce produit partiel, d'après la
règle, sous le chiffre 8 du multiplicateur qui a servi à le
former. On additionne les produits partiels tels qu'ils sont
écrits, et on trouve 430 137.

II. *Le multiplicateur est terminé par des zéros.*

Multiplier 725 par 3700. La règle s'applique à ce cas
directement;

$$
\begin{array}{r}
7\,2\,5 \\
3\,7\,0\,0 \\
\hline
5\,0\,7\,5 \\
2\,1\,7\,5 \\
\hline
2\,6\,8\,2\,5\,0\,0
\end{array}
$$

seulement le dernier chiffre à droite, 5, du premier produit partiel, devant représenter des centaines, il en est de
même du chiffre de même rang, 5, du produit total : on
écrit donc deux zéros à la droite de ce dernier. Le produit de 725 par 37 est 26 825, et le produit de 725 par
3700 est le même, suivi de deux zéros : 2 682 500.

III. *Le multiplicande est terminé par des zéros.*

Soit 17 500 à multiplier par 93. On suit encore la règle générale ; mais, au lieu d'écrire deux zéros à la droite de chaque produit partiel, on se contente de les écrire au produit total :

$$
\begin{array}{r}
17500 \\
93 \\
\hline
525 \\
1575 \\
\hline
1\,627\,500
\end{array}
$$

Le produit de 175 par 93 est 16 275 ; celui de 17 500 par 93 est 1 627 500.

Soit encore 175 000 à multiplier par 7.

$$
\begin{array}{r}
17\,500 \times 7 \\
122\,500
\end{array}
$$

On dit : 0 ; 0 ; 7 fois 5, 35 ; etc.

IV. *Les deux facteurs sont terminés par des zéros.*

Soit 2730 à multiplier par 3400 :

$$
\begin{array}{r}
2730 \\
3400 \\
\hline
1092 \\
819 \\
\hline
9\,282\,000
\end{array}
$$

D'après ce qu'on vient de voir, ayant disposé l'opération comme ci-dessus, 1° on multiplie 273 par 34, ce qui donne 9282 ; 2° à la droite on écrit un zéro, afin que le produit devienne celui de 2730 par 34, puis deux autres zéros, afin que le produit devienne celui de 2730 par 3400 ; en tout trois zéros. On obtient le produit définitif 9 282 000.

De là la règle suivante s'appliquant aux trois derniers cas particuliers : *Quand les deux facteurs sont terminés par des zéros, on multiplie les deux facteurs l'un par l'autre, sans avoir égard aux zéros ; et à la droite du produit on écrit autant de zéros qu'il y en a à la droite des deux fac-teurs ensemble.*

EXERCICES N° 11.

I. Faire le tableau des 40 premiers multiples de 25 ; des 20 pre-miers multiples de 50 ; des 13 premiers multiples de 75 ; des 8 pre miers multiples de 125.

II. Faire le tableau des 24 premiers multiples de 15 ; des 8 pre-miers multiples de 45 ; des 4 premiers multiples de 90.

III. Faire le tableau des 12 premiers multiples de 12, des 13 pre-miers multiples de 13, des 14 premiers multiples de 14.

IV. Il y a en France environ 5 586 780 hectares de terre produi-sant du froment ; chaque hectare de terre étant supposé produire 12 hectolitres par an, ce qui est au-dessous de la production réelle ; chaque hectolitre de froment étant vendu 19 francs, prix qui varie suivant les années ; 1° quelle est la valeur de la production annuelle du froment en France ? 2° combien d'hectolitres sont produits par an ?

V. Il a été consommé à Paris, en 1864, 10 877 530 kilogrammes de sel gris ou blanc, acheté par les consommateurs au prix moyen de 23 centimes le kilogramme. Quelle est à ce prix, en centimes, la valeur totale de cette consommation ? quelle est cette valeur en francs ?

VI. Une machine à vapeur consomme par force de cheval et par heure environ 6750 grammes de charbon. Combien de charbon a été dépensé en huit jours par une machine, travaillant jour et nuit, dont la force est de 17 chevaux ?

VII. La consommation du sucre en France pendant 11 mois, à partir du 1er janvier 1865 a été de 452 530 quintaux par mois ; 1° combien a-t-on consommé de sucre pendant ces 11 mois ? 2° com-bien en aura-t-on consommé dans l'année entière, en supposant que l'on en consomme autant dans le 12e mois que dans les autres ? Quel sera le prix total de cette consommation, en estimant à 130f le quintal de sucre ?

VIII. Une machine à vapeur fixe, vendue à raison de 150 francs les 100 kilogrammes, pèse 21748kg ; combien a-t-elle été vendue ?

IX. On a vendu à la halle aux cuirs 250 cuirs de bœufs salés de Montevideo, à 61 francs ; et 472 cuirs de vaches de Calcutta à 63 fr. ; quel a été le produit total de ces deux ventes ?

X. Un train express parti de Paris pour Marseille à 8 heures du soir fait 731 mètres par minute. Il arrive à Marseille le lendemain à 3h 40m du soir ; quelle est la distance en kilomètres, de Paris à Marseille ?

DOUZIÈME LEÇON.

V. MULTIPLICATION (SUITE).

Multiplication des nombres décimaux; premier cas.—Multiplication
par un nombre décimal; définition. — Deuxième cas. — Application de la règle.— Cas particuliers.— Exercices.

**47. Multiplication des nombres décimaux ;
premier cas.** — *Le multiplicande est un nombre décimal, le multiplicateur un nombre entier.* Soit à multiplier
69,71 par 144. C'est répéter 144 fois 69,71 ou 6971 centièmes.

$$
\begin{array}{r}
6\,9,7\,1 \\
1\,4\,4 \\
\hline
2\,7\,8\ \ 8\,4 \\
2\ 7\,8\,8\ 4 \\
6\ 9\,7\,1 \\
\hline
1\,0\ 0\,3\,8,2\,4
\end{array}
$$

144 fois 6971 font 1 003 824; donc 144 fois 6971 centièmes
font 1003 824 centièmes, ou 10 038,24. En sorte que l'on
a dû multiplier 69,71, abstraction faite de la virgule,
c'est-à-dire 6971, par 144, et séparer ensuite autant de
chiffres décimaux qu'il y en avait dans le facteur décimal, 69,71.

**48. Multiplication par un nombre décimal;
définition.** — Multiplier un nombre par un nombre entier, c'est répéter le premier nombre autant de fois qu'il
y a d'unités dans le second. D'une manière analogue :
*multiplier un nombre par un certain nombre de dixièmes,
de centièmes..., c'est répéter le dixième, le centième..., du
multiplicande, autant de fois que le multiplicateur contient de dixièmes, de centièmes...* Ainsi, ayant à multiplier 15 par 2,3, on observe que le multiplicateur renferme 23 dixièmes; on aura donc à répéter 23 fois le

dixième de 15; de même, multiplier 74,3 par 5,42, c'est répéter 542 fois le centième de 74,3.

Problème. 1ᵐ d'étoffe coûte 4ᶠ,75; combien coûte 1ᵐ,3 de cette étoffe? 1ᵐ,3 vaut 13 décimètres. Si 1ᵐ coûte 4ᶠ,75, 1 décimètre coûtera 10 fois moins ou 1 dixième de 4ᶠ,75; et 13 décimètres coûteront 13 fois plus ou 13 fois le dixième de 4ᶠ,75. On a donc à multiplier 4ᶠ,75 par 1,3. — Un dixième de 4ᶠ,75 est 0,475 et les 13 dixièmes sont 13 fois ce nombre ou (47) 6ᶠ,175.

49. **Deuxième cas.** — *Le multiplicande est quelconque, le multiplicateur est décimal.* 1° Soit à multiplier 7321 par 4,67. C'est répéter 467 fois le centième de 7321 ou 73,21. Pour cela (47), on doit multiplier 73,21, abstraction faite de la virgule, c'est-à-dire 7321, par 467, et séparer au produit deux chiffres décimaux, c'est-à-dire autant qu'il y en a dans le facteur décimal 4,67. Le produit de 7321 par 467 est 3418 907; celui de 7321 par 4,67 est 34 189,07.

$$
\begin{array}{r}
7321 \\
4,67 \\
\hline
51247 \\
43926 \\
29284 \\
\hline
34189,07
\end{array}
$$

2° Soit à multiplier 5,312 par 17,3. C'est répéter 173 fois le dixième de 5,312, ou 0,5312. Pour cela (47) on doit multiplier 0,5312, abstraction faite de la virgule, c'est-à-dire 5312 par 173, et ensuite séparer au produit quatre chiffres décimaux, c'est-à-dire 1° autant qu'il y en avait dans 5,312 ou 3; 2° autant qu'il y en avait dans 17,3 ou 1, ou en somme autant qu'il y en avait dans les deux facteurs ensemble. Le produit de 5312 par 173 est 918 976; celui de 5,312 par 17,3 est 91,8976.

$$
\begin{array}{r}
5,312 \\
173 \\
\hline
15936 \\
37184 \\
5312 \\
\hline
91,8976
\end{array}
$$

De là pour tous les cas où l'un au moins des facteurs est décimal, la règle suivante :

RÈGLE. *Pour multiplier un nombre entier ou décimal par un autre nombre entier ou décimal, on fait la multiplication comme s'il n'y avait pas de virgules et on sépare ensuite sur la droite du produit obtenu autant de chiffres décimaux qu'il y en avait dans les deux facteurs ensemble.*

50. Application de la règle. — EXEMPLES. Multiplier : 1° 0,001234 par 72 ; 2° 721 par 0,35 ; 3° 0,100201 par 709,72 ; 4° 7,103 par 0,000376.

I.	II.	III.	VI.
0,001 234	721	0,100201	7,103
72	0,35	709,72	0,000 376
2 468	36 05	2 004 02	42 618
86 38	216 3	70 140 7	497 21
0, 088 848	252,35	901 809	2 130 9
		70 140 7	0, 002 670 728
		71,114 653 72	

51. Cas particuliers. — I. *L'un des facteurs est un nombre entier terminé par des zéros.* 1° Soit à multiplier 2400 par 5,341. On opère suivant la règle générale ; mais on peut se dispenser d'écrire à la droite du produit les deux zéros que l'on serait obligé de séparer ensuite comme chiffres décimaux.

$$
\begin{array}{r}
5,3\,4\,1 \\
2\,4\,0\,0 \\
\hline
2\,1\,3\,6\,4 \\
1\,0\,6\,8\,2 \\
\hline
1\,2\,8\,1\,8,4 \\
\end{array}
$$

2° Soit à multiplier 237 000 par 3,5.

$$
\begin{array}{r}
2\,3\,7\,0\,0\,0 \\
3,5 \\
\hline
1\,1\,8\,5 \\
7\,1\,1 \\
\hline
8\,2\,9\,5\,0\,0 \\
\end{array}
$$

Je devrais écrire 3 zéros et en séparer un comme chiffre décimal; je n'en écris donc que 2.

II. *Multiplication par* 0,1; 0,01; 0,001. Le produit sera simplement 1 dixième, 1 centième, 1 millième du nombre proposé, c'est-à-dire qu'il faudra à la droite de ce nombre séparer 1, 2, 3... chiffres décimaux.

Ex. :
$534 \times 0,1 = 53,4$; $5300 \times 0,1 = 530$;
$534 \times 0,01 = 5,34$; $534 \times 0,001 = 0,534$;
$5340 \times 0,001 = 5,34$; $534 \times 0,0001 = 0,0534$.

EXERCICES N° 12.

I. Dans la composition du sang veineux, il y a sur 1000 grammes de sang : 3 grammes de fibrine, 127 grammes de globules; — ces deux parties ensemble forment le caillot;—il y a ensuite 790 grammes d'eau, 70 grammes d'albumine, 10 grammes de sels et de gaz divers; ces trois dernières parties ensemble forment le sérum. Combien y a-t-il de chacune de ces 5 substances, combien de caillot, combien de sérum dans 0^{kg},735 de sang?

II. Le prix des places sur le chemin de fer d'Orléans est par voyageur et par kilomètre 0^f,112 pour les premières; 0^f,084 pour les secondes; 0^f,0616 pour les troisièmes. Quel sera le prix des places dans les trois classes pour les cinq destinations suivantes en partant de Paris : Orléans à 121 kilomètres; Tours à 234 kilomètres; Poitiers à 332 kilomètres; Angoulème à 445 kilomètres; Bordeaux à 585 kilomètres?

III. La consommation moyenne annuelle d'une personne est en France d'environ 167 litres de blé, 69 litres de vin, 21^{kg},879 de viande, 6^{kg},525 de sel, 3^{kg},848 de sucre. En supposant que sur tout le globe on se nourrît de la même manière, quelle serait la consommation totale en blé, vin, viande, sel et sucre, sachant que l'Europe compte 285 000 000 d'habitants; l'Asie 798 600 000; l'Australie et la Polynésie 3 850 000, l'Afrique 188 000 000; l'Amérique 74 500 000?

IV. 1 litre d'air pesant 1^{gr},293, quel est le poids de l'air contenu sous une cloche dont la capacité est de 5 litres 392?

V. Quel était la fortune d'un homme qui, ayant fait dix-neuf parts de sa fortune, chacune de 18 720^f,40, en a laissé 9 à une première personne, 6 à une seconde, 3 à une troisième et 1 à une quatrième? Quelles sont les parts de chacune de ces 4 personnes?

VI. Une machine à vapeur consomme 0^{kg},136 de houille pour vaporiser 1^{kg} d'eau. Sachant qu'elle a usé en un jour 2345 kilogrammes d'eau, combien a-t-elle consommé de houille?

VII. On a mélangé 234 litres de vin de l'Orléanais coûtant 34 francs l'hectolitre; et 110 litres de vin de l'Yonne coûtant 47 francs l'hectolitre; combien le mélange renferme-t-il de litres? Combien faut-il revendre le tout pour y gagner 38 francs?

VIII. Un homme consomme par jour 750 grammes de pain. Combien faut-il de pain pour nourrir pendant un an 95 élèves; le prix du pain étant de 35 cent. le kilogramme, combien coûtera la consommation de ces 95 élèves pendant l'année?

IX. Avec des briques de 0^m,12 de large sur 0^m,20 de long, achetées 75 francs le mille, on fait carreler un couloir dont la largeur tient 12 briques posées en long, et la longueur 85 briques posées en large. Quel sera le prix de ce carrelage, les frais de pose s'élevant à 2^f,50 le cent de briques? Quelles seront la longueur et la largeur de ce couloir?

X. A quel nombre faut-il ajouter le produit de 275,702 par 712,495, pour que la somme diminuée de 217,95 donne pour reste 800,000?

TREIZIÈME LEÇON.

V. MULTIPLICATION (SUITE).

Multiples de 25, de 50, de 75, de 125, de 20.— Multiplication d'une
somme ou d'une différence. — On peut changer l'ordre des deux
facteurs. — Preuve de la multiplication. — Produit de plusieurs
facteurs. — Groupement des facteurs. — Exercices.

52. Multiples de 25, de 50, de 75, de 125, de 20.
— 1° On doit savoir de mémoire les produits de 25 par les
premiers nombres, ou du moins les retrouver facilement:
pour cela on remarquera que 4 fois 25 font 100, en sorte
que 200 = 8 fois 25; 300 = 12 fois 25; 400 = 16 fois
25, etc. Combien font 7 fois 25? — 4 fois 25 font 100; 3
fois 25 font 75; donc 7 fois 25 font 175. Combien font
13 fois 25? — 12 fois 25 font 300; donc 13 fois 25, 325.

2° On saura de même les produits de 50, de 125 par les
premiers nombres. Particulièrement : 4 fois 75 font 300;
8 fois 75, 600; 12 fois 75, 900; — 4 fois 125 font 500 et 8
fois 125 font 1000.

3° 4 fois 20 est un produit connu d'avance par le nom
quatre-vingts; on saura que 5 fois 20 font cent; 120 est 6
fois 20, ce nombre avait un nom particulier autrefois : on
disait six-vingts pour 120; quinze-vingts se disait aussi
et signifiait 300.

Ces résultats doivent être connus, ils simplifiaient fré-
quemment les calculs de tête.

**53. Multiplication d'une somme ou d'une
différence. Application au calcul mental.**
I. Pour multiplier une somme par un nombre, il suffit
de multiplier par ce nombre chacune des parties de la
somme et de réunir ensuite en un seul les produits partiels
obtenus. Ainsi, pour multiplier 27 par 4, on répétera 4 fois

25, ce qui fait 100, et 4 fois 2, ce qui fait 8; en tout 108.

II. Pour multiplier un nombre par une somme, il suffit de le multiplier par chacune des parties de la somme, et de réunir ensuite les produits partiels. — 1° Multiplier 35 par 24 : le double de 35 est 70, en sorte que 20 fois 35 font 700; 4 fois 35 font 140; 700 et 140 font 840. — 2° Multiplier 7 par 28 ou 25 + 3. 25 fois 7 font 175 et 3 fois 7 font 21; donc 28 fois 7 font 175 + 21 ou 196.

III. Quelquefois au lieu de décomposer un facteur en plusieurs parties, il y a lieu de les réunir. — 1° Multiplier 37, 23 et 60 par 8 et ajouter les produits. Remarquant que 37 + 23 font 60, que 60 et 60 font 120, on n'aura qu'à répéter 8 fois 120. 8 fois 12 font 96, 8 fois 120 font 960. — 2° Multiplier 9 par 2, par 3 et par 5, et ajouter les produits. Comme 2 + 3 + 5 = 10, il suffira de répéter 9 dix fois, ce qui donne 90.

IV. On peut de même, pour multiplier la différence de deux nombres, multiplier le premier et le second et retrancher le second produit partiel du premier produit partiel: 1° Multiplier 37 par 7. 37 = 40 — 3; 7 fois 40 font 280, mais on a de trop dans ce produit 7 fois 3 ou 21; 280 moins 20 font 260; 260 moins 1 donne 259. — 2° Multiplier 77 par 83 et en retran·her le produit de 27 par le même nombre 83. C'est prendre 83 fois la différence de 77 et 27 ou 83 fois 50; 80 fois 50 font 4000; 3 fois 50 font 150; en tout 4150. — 3° Multiplier 13 par 93; on prendra 100 fois 13, ce qui donne 1300, et on en ôtera 7 fois 13 ou 91, ce qui donne 1209.

54. On peut changer l'ordre des deux facteurs. — 1° Si l'on se reporté à la table de multiplication, on y verra que 6 fois 8 font 48 ou que 48 est le produit du multiplicande 8 par le multiplicateur 6; que de plus 8 fois 6 font 48 ou que 48 est le produit du multiplicande 6 par le multiplicateur 8. Ainsi $8 \times 6 = 6 \times 8$. On y trouvera également que $5 \times 4 = 4 \times 5$, $7 \times 9 = 9 \times 7$. En poursuivant cette vérification, on s'apercevra que le produit de deux facteurs d'un seul chiffre est indépendant de l'or-

dre des facteurs. Il en serait de même pour deux facteurs
quelconques. Nous l'admettrons comme démontré.

Quand on a à faire le produit de deux nombres, on choisit
le plus petit pour multiplicateur : les calculs sont alors
moins étendus et plus commodément disposés.

$$
\begin{array}{r}
2\,49\,1\,6 \\
3\,1 \\
\hline
2\,4\,9\,1\,6 \\
7\,4\,7\,4\,8 \\
\hline
7\,7\,2\,3\,9\,6
\end{array}
\qquad\qquad
\begin{array}{r}
3\,1 \\
2\,4\,9\,1\,6 \\
\hline
1\,8\,6 \\
3\,1 \\
2\,7\,9 \\
1\,2\,4 \\
6\,2 \\
\hline
7\,7\,2\,3\,9\,6
\end{array}
$$

55. Preuve de la multiplication. — Cette remarque sur le changement de l'ordre des facteurs fournit un
moyen de faire la preuve de la multiplication.

*Pour faire la preuve de la multiplication, on refait l'opé-
ration en prenant pour multiplicande le premier multiplicateur, et pour multiplicateur le premier multiplicande.*

EXEMPLE :

Opération directe : Preuve ou opération inverse :

$$
\begin{array}{r}
1\,3\,2{,}4 \\
7{,}1\,6 \\
\hline
7\,9\,4\,4 \\
1\,3\,2\,4 \\
9\,2\,6\,8 \\
\hline
\text{produit..}\ 9\,4\,7{,}9\,8\,4
\end{array}
\qquad\qquad
\begin{array}{r}
7{,}1\,6 \\
1\,3\,2{,}4 \\
\hline
2\,8\,6\,4 \\
1\,4\,3\,2 \\
2\,1\,4\,8 \\
7\,1\,6 \\
\hline
\text{produit égal..}\ 9\,4\,7{,}9\,8\,4
\end{array}
$$

56. Produit de plusieurs facteurs.

PROBLÈME. *Un cahier renferme 35 feuilles; chaque feuille forme
4 pages; sur chaque page on a écrit 17 lignes, contenant chacune
25 lettres. Combien y a-t-il de lettres écrites dans ce cahier?*

Solution.

Dans 1 ligne.....................   25 lettres.

— 17 lignes ou 1 page, 17 fois
plus ou........................ $25 \times 17 = 425$ —

Dans 4 pages ou 1 feuille, 4 fois
plus ou..................... $425 \times 4 = 1700$ lettres.
Dans 35 feuilles, 35 fois plus ou .. $1700 \times 35 = 59500$ —
Réponse. 59 500 lettres.

On a eu, dans ce problème, à multiplier 25 par 17, puis le résultat par 4, et ce dernier résultat par 35; on indique cette suite d'opérations de la manière suivante :

$$25 \times 17 \times 4 \times 35.$$

Les opérations faites sont les suivantes :

```
    25              425            1700
    17                4              35
   ----            -----           -----
   175             1700              85
    25                               51
   ----                            -----
   425                             59500
```

Dans un semblable produit, on aura encore le droit de changer l'ordre des facteurs et d'écrire, par exemple, le produit comme il suit : $25 \times 4 \times 35 \times 17$.

Dans cet ordre, il est bien plus facile à effectuer; on sait que $25 \times 4 = 100$; reste à multiplier 100 par 35 et par 17; on multipliera 35 par 17 :

```
     35
     17
    ----
    245
     35
    ----
    595
```

et le résultat 595 par 100, en écrivant 2 zéros à droite; on aura le produit 59 500. On s'est évité deux opérations.

57. Groupement des facteurs à volonté. — *Dans un produit à effectuer, on peut grouper les facteurs comme on veut.* C'est ainsi que dans le produit $25 \times 17 \times 4 \times 35$ du problème précédent, on a pu multiplier 25 par 4, ce qui donnait 100, 35 par 17, ce qui donnait 595, et ensuite ces deux produits l'un par l'autre, 595 par 100, ce qui a donné 59 500.

Dans le calcul de tête on utilise souvent cette remarque :

1° Soit à faire le produit $125 \times 12 \times 8 \times 5$; on le fera facilement si l'on remarque que 125×8 vaut 1000, que 12×5 vaut 60; restera à multiplier 60 par 1000, ce qui donne immédiatement 60 000.

2° Soit à multiplier 45 par 6, on remarquera que 6 est 2×3, ce qui fait voir que $45 \times 6 = 45 \times 2 \times 3$. On dira donc : 2 fois 45 font 90 et 3 fois 90 font 270.

3° Soit à multiplier 75 par 48; si l'on se rappelle que $6 \times 8 = 48$ et que 8 fois 75 est 600; on dira 8 fois 75, 600; 6 fois 600 font 3600.

EXERCICES N° 13.

I. Une maison a 5 étages; à chaque étage il y a 15 fenêtres sur chaque face; la maison a 4 faces; combien cette maison a-t-elle de fenêtres ? — Placer les 3 facteurs 5, 15, 4 dans tous les ordres possibles; — faire le raisonnement du problème de façon à retrouver les facteurs dans un ordre voulu.

II. Trouver deux facteurs dont le produit soit dix.

III. Trouver deux facteurs dont le produit soit 12. Trouver deux autres facteurs dont le produit soit 12 (12×1 et 1×12 sont exclus). Trouver 3 facteurs dont le produit soit 12.

IV. Multiplier 25 par 12 par le procédé le plus commode.

—   75 par 6; 50 par 26; 125 par 72.

—   176 par 11; 234 par 9; 520 par 8; 31 par 18; 52 par 12.

V. Le son parcourt $337^m,118$ par seconde dans l'air; dans l'eau il parcourt en 1^s les 45 dixièmes de cette distance; dans le laiton il parcourt en 1^s les 105 dixièmes de la même distance. Quel sera l'espace parcouru en $2^s,5$ dans l'air, dans l'eau, dans une barre de laiton suffisamment longue ?

VI. La lumière parcourt environ 77000 lieues de $4444^m,44$ dans 1^s; quelle est la distance du soleil à la terre, sachant que la lumière nous arrive en 8 minutes 13^s? l'exprimer en unités métriques.

VII. La lumière met trois ans au moins à nous arriver des étoiles les plus proches; quelle est en unités métriques la distance qui nous sépare de ces étoiles ?

VIII. Un point situé à l'équateur parcourt dans 1 seconde de temps un arc de $15''$; combien parcourt-il dans 1 minute? combien dans 1 heure? combien dans 24 heures ?

QUATORZIÈME LEÇON.

V. MULTIPLICATION (SUITE).

Usages de la multiplication : problèmes.

58. Usages de la multiplication : Problèmes. — Les principaux problèmes usuels et simples s'appliquent aux objets suivants :

I. Grandeur en poids, en longueurs, etc., de plusieurs objets ou parties d'objet, connaissant la grandeur d'un objet.

II. Valeur de plusieurs objets ou parties d'objet, connaissant celle d'un objet.

III. Bénéfice sur une certaine quantité, connaissant le bénéfice fait sur l'unité.

1V. Gain, quantité d'ouvrage, obtenus en une semaine, un mois, un an ou plusieurs années, connaissant le gain journalier, la quantité d'ouvrage fait en un jour.

V. Espace parcouru dans un temps donné, connaissant l'espace parcouru dans chaque unité de temps.

VI. Connaissant ce qu'on a en poids, en longueur, etc., d'un objet pour 1 fr., trouver ce qu'on a pour une somme donnée.

VII. Temps employé à parcourir une longueur donnée, connaissant le temps employé à parcourir chaque unité de longueur.

Toutes ces questions très-simples se résolvent par des raisonnements analogues. Deux exemples suffiront.

PROBLÈME I. *On a récolté dans un champ* 21 600^{ks} *de pommes de terre, et on a calculé que* 1^{ks} *de récolte provient en moyenne de* 0^{ks},1879 *de pommes de terre plantées. Combien avait-on planté de kilogrammes de pommes de terre dans ce champ?*

Solution. 1^{kg} de récolte provient de........ 0^{kg},1879

    21 600   —   proviennent de 21 600 fois plus, ou

de 0,1879 × 21 600 = 4058^{gk},64.

Réponse : 4058^{kg},64.

PROBLÈME II. *Pour* 100^f *on a acheté* 31^{kg},725 *d'étain, combien en aurait-on pour* 247^f,55 ?

Solution. Pour 100^f..................... 31^{kg},725

        —   1^f...................... 0^{kg},31725

        — 247^f,55, ou 24 755 centièmes de franc, on aura les 24 755 centièmes de ce qu'on a pour 1^f, ou 0,31725 × 247,55 = 78^{kg},5352375.

Réponse : 78^{kg},535.

VI. APPLICATION AU SYSTÈME MÉTRIQUE.

Surfaces. — Mesures agraires. — Exercices.

59. Surfaces. — *L'unité principale de surface est le mètre carré.* On le désigne par les lettres *mq* (on écrivait autrefois *quarré, mc* désigne le mètre cube). C'est un carré dont chaque côté a 1 mètre de long.

On emploie aussi les unités secondaires suivantes :

Multiples :

1° le *décamètre carré;* c'est un carré dont chaque côté a 1^{Dm} de long
2° l'*hectomètre carré ;*   —   —   1^{hm} —
3° le *kilomètre carré ;*   —   —   1^{km} —
4° le *myriamètre carré ;*   —   —   1^{Mm} —

Sous-multiples :

1° le *décimètre carré;* c'est un carré dont chaque côté a 1^{dm} de long
2° le *centimètre carré;*   —   —   1^{cm} —
3° le *millimètre carré;*   —   —   1^{mm} —

On les désigne par les indications faciles à comprendre : *Dmq, hmq, kmq, Mmq ; dmq, cmq, mmq.*

Il résulte de ce tableau que ce sont des carrés dont les côtés sont de 10 en 10 fois plus grands ou plus petits; mais leurs surfaces sont de 100 en 100 fois plus grandes ou plus petites.

Une unité de surface vaut cent fois l'unité immédiatement inférieure.

A côté d'un décimètre carré, posons un second décimètre carré, puis un troisième, un quatrième, jusqu'à ce qu'il y en ait dix; nous aurons formé une surface de 10^{dm} ou de 1^m de long sur 1^{dm} de large; elle contient 10 décimètres carrés.

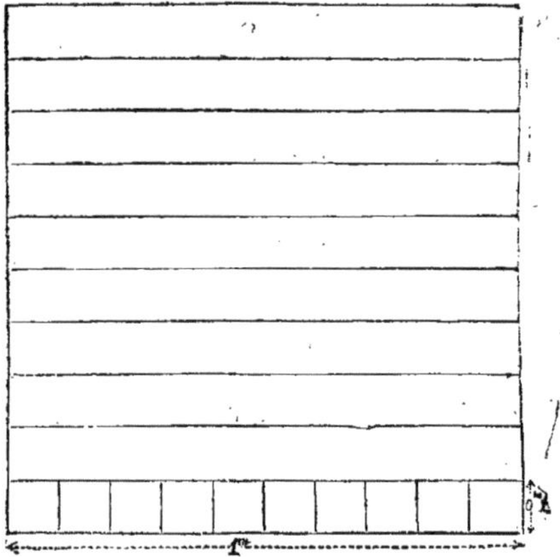

Mètre carré ; échelle 1/20.

Au-dessus de cette première rangée, appliquons une seconde rangée pareille, puis une troisième, jusqu'à ce qu'il y en ait dix. Nous aurons formé une surface de 10^{dm} ou 1^m de long sur 10^{dm} ou 1^m de large, c'est-à-dire 1^{mq} : elle contient 10 fois 10 décimètres carrés ou 100 décimètres carrés.

Un mètre carré contient 100 décimètres carrés; on ferait voir de même qu'une unité de surface quelconque vaut cent fois l'unité immédiatement inférieure.

VALEUR DES UNITÉS EXPRIMÉES LES UNES PAR LES AUTRES ET CHANGEMENT D'UNITÉ.

$$1^{dmq} = 0^{mq},01$$
$$1^{cmq} = 0^{dmq},01 = 0^{mq},0001$$
$$1^{mmq} = 0^{cmq},01 = 0^{dmq},0001 = 0^{mq},000001$$
$$1_{D}^{md} = 100^{mq}$$
$$1^{hmq} = 100^{Dmq} = 10000^{mq}$$
$$1^{kmq} = 100^{hmq} = 10000_{D}^{mq} = 1000000^{mq}$$
$$1_{M}^{mq} = 100^{kmq} = 10000^{hmq} = 1000000^{Dmq} = 100000000^{mq}$$

Une unité de surface quelconque en vaut 100 de l'espèce précédente, 10 000 de la seconde, 1 000 000 de la troisième.

Il en résulte de ces valeurs que les nombres $72^{mq},538\ 612$ et $305\ 627\ 480^{mq}$ peuvent s'écrire :

$$72\ 538\ 612^{mmq}$$
$$725\ 386^{cmq},12$$
$$7\ 253^{dmq},861\ 2$$
$$72^{mq},\ 538\ 612$$

$$305\ 627\ 480^{mq}$$
$$3\ 056\ 274_{D}^{mq},80$$
$$30\ 562^{hmq},748\ 0$$
$$305^{kmq},627\ 480$$
$$3_{M}^{mq},056\ 274\ 80$$

ou encore :

$$72^{mq},\ 53^{dmq},\ 86^{cmq},\ 12^{mmq},\ \text{et}\ 3_{M}^{mq},\ 5^{kmq},\ 62_{H}^{mq},\ 74_{D}^{mq},\ 80^{mq}.$$

Pour lire, par rapport à toutes ses unités séparées, un nombre écrit en unités de surface, on le supposera décomposé de cette manière en tranches de deux chiffres; on lira de gauche à droite chaque tranche suivie du nom de ses unités.

60. **Mesures agraires.** — Quand on évalue la surface d'un champ, le décamètre carré prend le nom d'*are* et devient l'unité principale. L'are se désigne par la lettre *a*. Les seules unités secondaires usitées sont :

un multiple : l'*hectare*
et un sous-multiple : le *centiare*.

On les désigne par les indications *ha* et *ca*.

$$1^{ca} = 0^{a},01 = 1^{mq} \qquad 1^{a} = 100^{mq} \qquad 1^{ha} = 100^{a} = 10000^{mq}.$$

Chacune des unités agraires en vaut cent de la suivante.

Il résulte de ces valeurs que le nombre 17 532ª,05 peut s'écrire :

$$1\ 753\ 205^{cà}$$
$$17\ 532^{a},05$$
$$175^{hq},320\ 5$$

ou encore :

$$175^{ha},32^{a},4^{ca}.$$

EXERCICES Nº 14.

I. Pour la nourriture des animaux, 100ᵏᵍ de paille équivalent à 30ᵏᵍ de foin; 100ᵏᵍ d'orge à 47 de foin; 100ᵏᵍ de bonne herbe verte à 62ᵏᵍ de foin; 100ᵏᵍ de betterave à 460ᵏᵍ de foin. A combien de kilog. de foin équivalent 125ᵏᵍ de paille, 75ᵏᵍ d'orge, 110ᵏᵍ d'herbe et 150ᵏᵍ de betterave, ensemble?

II. La superficie de la France est de 543 051ᵏᵐq,41; écrire ce nombre en mètres carrés, décimètres carrés, millimètres carrés; en décamètres carrés, hectomètres carrés, kilomètres carrés?

III. Écrire le même nombre en hectares, en ares, en centiares?

IV. La superficie du département de la Seine est de 47 550ʰᵐq, la population est en moyenne de 41 habitants sur chaque hectomètre carré; de combien est-elle sur un kilomètre carré, sur un myriamètre carré; de combien est-elle sur tout le département de la Seine?

V. Une partie de forêt de 23ᵏᵐq,5705 a été vendue au prix de 995ᶠ,50 l'hectare; quel prix a-t-on payé pour cette acquisition?

VI. Pour soufrer une vigne de 324ª,51 de superficie, on a employé 2 ouvriers pendant 2 jours, à raison de 2ᶠ,25 par journée; chaque hectare a exigé 9ᵏᵍ,2 de soufre coûtant 36ᶠ,75 les 100 kilogr. A combien revient le soufrage de cette vigne?

VII. Pour fumer 1ª de terre, on emploie 12ᵏᵍ,5 de tourteaux de lin; combien faudra-t-il de cet engrais pour fumer 34ʰª,2?

VIII. Pour améliorer une terre, on y répand, à raison de 100ᵏᵍ pour 30 ares, du plâtre en poudre; sur quel espace en hectares, ares et centiares a-t-on répandu 23890ᵏᵍ de plâtre?

QUINZIÈME LEÇON.

VI. APPLICATION AU SYSTÈME MÉTRIQUE (SUITE).

Volumes.—Mesures du volume pour les bois.—Mesures de capacité.
Liaison des diverses unités métriques.—Exercice.

61.. Volumes. — *L'unité principale de volume est le mètre cube.* On le désigne par les lettres *mc.* C'est un cube dont chacune des douze arêtes a 1 mètre en longueur; chacune des six faces est 1 mètre carré.

On emploie aussi les unités secondaires suivantes :

Multiples :

  1° le *décamètre cube,* dont chaque arête a 1^{Dm} de long;
  2° l'*hectomètre cube,*   —   — 1^{hm} —
  3° le *kilomètre cube,*   —   — 1^{km} —
  4° le *myriamètre cube,*   —   — 1^{Mm} —

Sous-multiples :

  1° le *décimètre cube,* dont chaque arête a 1^{dm} de long;
  2° le *centimètre cube,*   —   — 1^{cm} —
  3° le *millimètre cube,*   —   — 1^{mm} —

On les désigne par les indications : *Dmc, hmc, kmc, Mmc ; dmc, cmc, mmc.*

Il résulte de ce tableau que ce sont des cubes dont les arêtes sont de 10 en 10 fois plus grandes ou plus petites; mais leurs volumes sont de 1000 en 1000 fois plus grands ou plus petits.

Une unité de volume vaut mille fois l'unité immédiatement inférieure.

Sur une surface de 1^{mq} ou 100^{dmq}, posons les uns à côté des autres 100 décamètres cubes, 1 sur chaque décimètre carré. Le volume ainsi formé aura 1^m de long, 1^m de large et 1^{dm} de haut.

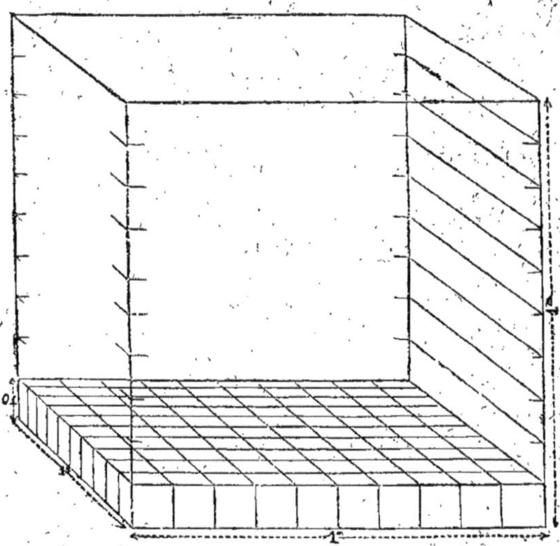

Mètre cube; échelle 1/20.

Sur cette première couche de décimètres cubes posons-en une seconde pareille, puis une troisième, etc., jusqu'à ce qu'il y en ait dix. Nous aurons alors formé un volume de 1^m de long, 1^m de large et 10^{dm} ou 1^m de haut, c'est-à-dire un mètre cube. Il contiendra 10 fois 100 décimètres cubes ou 1000 décimètres cubes.

Ainsi, un mètre cube contient 1000 décimètres cubes; on ferait voir de même qu'une unité de volume quelconque vaut mille fois l'unité immédiatement inférieure.

VALEUR DES UNITÉS EXPRIMÉES LES UNES PAR LES AUTRES, ET CHANGEMENT D'UNITÉ.

$$1^{dmc} = 0^{mc},001$$
$$1^{cmc} = 0^{dmc},001 = 0^{mc},000001$$
$$1^{mmc} = 0^{cmc},001 = 0^{dmc},000001 = 0^{mc},000000001$$

$$1^{Dmc} = 1000^{mc}$$
$$1^{hmc} = 1000^{Dmc} = 1000000^{mc}$$
$$1^{kmc} = 1000^{hmc} = 1000000^{Dmc} = 1000000000^{mc}$$
$$1^{Mmc} = 1000^{kmc} = 1000000^{hmc} = 1000000000^{Dmc} = 1000000000000^{m}$$

Une unité quelconque en vaut 1000 de l'espèce précédente, 1 000 000 de la seconde, 1 000 000 000 de la troisième, etc.

Il résulte de ces valeurs que les nombres $0^{me},230\,578\,931$ et $80\,512\,000\,502\,064^{me}$ peuvent s'écrire :

$$230\,578\,931^{mmc} \qquad\qquad et\ 80\,512\,000\,502\,064^{mc}$$
$$230\,578^{cmc},931 \qquad\qquad 80\,512\,000\,502_{Dmc},064$$
$$230^{dmc},578\,931 \qquad\qquad 80\,512\,000^{hmc},502\,064$$
$$0^{mc}\ ,230\,578\,931 \qquad\qquad 80\,512^{kmc},000\,502\,064$$
$$80_{Mmc},512\,000\,502\,064$$

ou encore :

$$230^{dmc},\ 578^{cmc},\ 931^{mmc}\ ,\ et\ 80_{M}{}^{mc},\ 512^{kmc},0^{hmc},\ 502_{D}{}^{mc},\ 64^{mc}.$$

Pour lire, par rapport à toutes ses unités séparées, un nombre écrit en unités de volume, on le supposera décomposé de cette manière en tranches de 3 chiffres ; on lira de gauche à droite chaque tranche suivie du nom de ses unités.

62. Mesures de volume pour les bois. — Pour la mesure des bois, particulièrement des bois de chauffage, l'unité principale est encore le mètre cube, qui prend le nom de *stère*. On le désigne par les lettres *st*.

Les seuls termes en usage pour désigner les unités secondaires sont :

Pour les multiples : *double-stère, décastère.*

Pour les sous-multiples : *demi-stère, décistère.*

Dst et *dst* désignent le décastère et le décistère :

$$1^{dst} = 0^{st},1 = 0^{mc},1;\quad 1^{st} = 1^{mc};\quad 1^{Dst} = 10^{st} = 10^{mc}$$

Chacune de ces unités en vaut dix de la suivante.

63. Mesures de capacité. — Pour les mesures de capacité, — pour les liquides, les grains, les matières sèches, — on choisit pour unité principale le décimètre cube, qui prend le nom de *litre ;* on le désigne par la lettre *l*.

Les unités secondaires, de dix en dix fois plus grandes ou plus petites, sont :

Multiples : le *décalitre*, l'*hectolitre*, le *kilolitre*.

Sous-multiples : le *décilitre*, le *centilitre*, le *millilitre*.

On les désigne par les indications suivantes : *Dl, hl, kl, dl, cl, ml*.

Chacune de ces diverses unités en vaut 10 de la suivante. Rapportées au mètre cube et aux unités qui en dérivent, elles valent :

$$
\begin{aligned}
1^{kl} &= 1000^{l} &&= 1^{mc} \\
1^{hl} &= 100^{l} &&= 0^{mc},1 \\
1^{Dl} &= 10^{l} &&= 0^{mc},01 \\
1^{l} &= &&\ 1^{dmc} \\
1^{dl} &= 0^{l},1 &&= 0^{dmc},1 \\
1^{cl} &= 0^{l},01 &&= 0^{dmc},01 \\
1^{ml} &= 0^{l},001 &&= 0^{dmc},001
\end{aligned}
$$

64. Liaison des diverses unités métriques. — Le mètre, évalué d'après la mesure du méridien de la terre, dont il est la 40000000ᵉ partie, est la base du système ; les mesures de surface et de volume s'y rattachent par la mesure de leurs dimensions linéaires ; les poids et les monnaies de la manière suivante :

1° Le gramme, unité des mesures de poids, est le poids dans le vide de la quantité d'eau distillée qui remplit un centimètre cube à la température du maximum de densité de l'eau, c'est-à-dire à 4 degrés centigrades au-dessus du zéro.

$$
\begin{aligned}
1^{cmc}\ \text{d'eau pèse}\quad & 1^{gr} \\
1^{dmc}\ —\quad —\quad & 1000^{gr}\ \text{ou}\ 1^{kg} \\
1^{mc}\ —\quad —\quad & 1000^{kg}\ \text{ou}\ 1^{tonne}.
\end{aligned}
$$

2° Le franc, unité des valeurs monétaires, est la valeur de 5ᵍʳ d'un alliage formé, sur 10 parties, de 1 de cuivre et 9 d'argent pur ; ce qu'on exprime en disant qu'il est au titre de 0,9. La pièce de 5 francs en argent est à ce titre et pèse 25ᵍʳ, les pièces de 2 francs et de 1 franc, de 50 centimes et 20 centimes sont à un titre inférieur 0,835, c'est-à-dire que sur 1000 parties en poids elles contiennent 835 parties d'argent pur et 165 de cuivre. Elles pèsent respectivement 10^{gr}, 5^{gr}, $2^{gr},5$ et 1^{gr}. — Toutes les monnaies d'or sont au titre de 0,9 ; sur 10 parties en poids elles contiennent 9 parties d'or pur et 1 partie de cuivre. La pièce de 5 francs en or pèse $1^{gr},61$; les autres en proportion. Les monnaies de bronze sont formées d'un alliage de cuivre, d'étain et de zinc. La pièce de 1 centime pèse 1^{gr} ; les autres en proportion.

EXERCICES N° 15.

I. Pour l'amendement d'une terre avec de la marne, on emploie environ 40 mètres cubes par hectare ; cette quantité forme environ 12 charretées à 4 bœufs. Pour une propriété de $3542^{ares},25$, combien faudra-t-il de mètres cubes de marne, combien rempliront-ils de charretées non plus à 4 bœufs, mais à 2 bœufs ?

II. 114 litres de vin de Bourgogne forment une feuillette. Quel est le prix de revient de cette feuillette, sachant que chaque litre, pris sur place, reviendrait à $54^{c},51$; que les frais de transport et d'entrée sont de $18^{f},75$ pour la feuillette entière ?

III. L'or au titre monétaire vaut 3093 francs le kilogramme, quel est à ce prix la valeur réelle exacte d'une pièce de 20 francs, de 10 francs, de 5 francs, celle de 5 francs pesant $1^{gr},6129$?

IV. Écrire en grammes le poids de $538^{lit},42$ d'eau ; le poids de 1 centimètre cube de platine, sachant qu'à volume égal ce corps pèse 22 fois autant que l'eau.

V. A volume égal le poids de l'or est les 193 dixièmes du poids de l'eau ; celui de l'argent est les 105 dixièmes du poids de l'eau ; quel est le poids d'un lingot formé de $9^{cc},20$ d'or et $0^{cc},80$ d'argent ?

VI. Quel est le poids de l'argent contenu dans une masse de pièces de 50 centimes pesant 35 kilogrammes, sachant que ces pièces sont au titre de 0,835 ; quel est aussi le poids du cuivre ?

VII. Un vase rempli d'eau pèse $1^{kg},254$; vide il pèse $0^{kg},972$; combien pèsera-t-il étant plein d'air ? On sait que 1 litre d'air pèse $1^{gr},293$? Quelle est la capacité de ce vase ?

VIII. L'hydrogène pèse environ 0,000 0895 de l'eau, sous le même volume, quel est le poids de l'hydrogène qui remplirait un ballon de 1235 mètres cubes ; quel est le poids d'hydrogène qui remplit un vase de $1^{dl},35$?

SEIZIÈME LEÇON.

VII. DIVISION.

Définition. — Deuxième signification de la division. — Troisième signification de la division. — Reste. — Divisible. — Signification du mot quotient. — Application. — Premier cas. — Exercices.

65. Définition. — *Diviser un nombre par un nombre entier, c'est partager le premier en autant de parties égales qu'il y a d'unités dans le second.* L'opération que l'on fait se nomme *division;* le nombre que l'on divise s'appelle *dividende;* le nombre par lequel on divise s'appelle *diviseur.* Le résultat de la division s'appelle *quotient.* La division d'un nombre par un autre s'indique en écrivant sur une même ligne : 1° le dividende ; 2° le signe : ; 3° le diviseur ; on l'indique encore en écrivant 1° le dividende ; 2° le signe — au-dessous ; 3° le diviseur au-dessous de ce signe : ainsi $8 : 2$ et $\dfrac{8}{2}$ se lisent 8 divisé par 2.

PROBLÈME I. *Partager* 12^f *en* 4 *parties égales.* — Puisqu'on doit faire de 12^f quatre parts égales, une de ces parts répétée 4 fois ou multipliée par 4 doit donner 12 pour produit. — Or on sait que 3×4 donne 12 ; donc 3 est le nombre cherché. $12 : 4 = 3$.

De même comme 10 est égal à 5×2, il vaut 2 parts égales à 5 ; donc $5 : 2 = 10$.

REMARQUE. Au lieu de dire qu'on divise un nombre par 2, 3, 4, 5, 10..., on dit encore qu'on en prend la *moitié*, le *tiers*, le *quart*, le *cinquième*, le *dixième*...

PROBLÈME II. *Partager* 14^f *en* 4 *parties égales.* — Le quart de 12^f est de 3^f et il reste 2^f à partager. — 2^f valent 20 dixièmes de franc, dont le quart est 5 dixièmes de franc.

Le quart de 14^f se compose donc de 3^f et de 5 dixièmes de franc, il est donc de 3^f,5.

66. Deuxième signification de la division. —
Quand on divise un nombre par 4, par exemple, on en
fait 4 parts égales ; le dividende contient ces 4 parts ; il est
donc égal à 4 fois le quotient.

D'une manière générale, le *dividende est égal au produit
du quotient par le diviseur*, ou, ce qui revient au même, *au
produit du diviseur par le quotient*.

Autrement encore, on peut dire que le *quotient est le
nombre par lequel il faut multiplier le diviseur pour obtenir
le dividende.*

Ex. : $12 : 4 = 3$,   donc $12 = 3 \times 4$ ou 4×3

$14 : 4 = 3,5$; donc $14 \times 3,5 \times 4$ ou $4 \times 3,5$.

67. Troisième signification de la division.—
Ayant partagé un nombre en 2 parties égales, par exemple, chaque part est deux fois plus petite que le nombre
partagé : *diviser un nombre par 2, 3, 4..., c'est le rendre
2, 3, 4... fois plus petit.*

68. Reste. — En divisant 14 par 4, on a trouvé pour
quotient 3,5. Pour faire cette division, on a d'abord partagé 12 au lieu de 14, en 4 parties égales; c'est cette division partielle qui a fourni la partie entière 3 du quotient :
il restait encore 2 unités à partager. Ce reste 2 est l'excès
du dividende 14 sur 12 ou sur 4×3. Quand on s'arrête
sans que la division soit terminée à la partie entière du
quotient, on appelle *reste de la division ce qui reste à partager*, ou *l'excès du dividende sur le produit du diviseur par
la partie entière du quotient.*

Il s'ensuit que *le dividende est égal au produit du diviseur
par la partie entière du quotient, plus le reste*, ainsi :

$$14 = 4 \times 3 + 2.$$

Le partage du reste doit nécessairement donner au quotient moins qu'une unité; il s'ensuit que *le reste est moindre
que le diviseur.*

En résumé, le produit du diviseur par le quotient doit
toujours pouvoir se retrancher du dividende, et le reste
est nul ou moindre que le diviseur.

69. Divisible. — Quand la division d'un premier nombre par un second se fait sans reste, on dit que le premier est *divisible* par le second. 8 est divisible par 2 ; il l'est aussi par 4.

Un nombre est toujours divisible par lui-même et donne pour quotient 1 ; ainsi : $8 : 8 = 1$.

Un nombre est toujours divisible par 1, et le quotient est le nombre lui-même ; ainsi : $8 : 1 = 8$.

Pair veut dire divisible par 2, *impair* non divisible par 2. Ainsi 8 est pair et 9 est impair.

70. Signification du mot quotient. — Considérons encore la division de 14 par 4 : $14 = 4 \times 3 + 2$; donc 14 contient 3 fois 4, mais ne le contient pas une fois de plus ; par suite le quotient 3 est le plus grand nombre de fois que le dividende contient le diviseur. Ainsi, *le quotient indique combien de fois le dividende contient le diviseur.*

Le mot *quotient*, en effet, vient du mot latin *quoties*, qui signifie combien de fois.

PROBLÈME. *Un ouvrier a reçu une avance de 8ᶠ sur son salaire; chaque semaine il abandonne 2ᶠ sur sa paye; en combien de temps se sera-t-il acquitté?* En autant de semaines que 8 contient de fois 2 ou en 4 semaines, 4 étant le quotient de $8 : 2$.

2° *Si l'avance eût été de 9ᶠ, en combien de temps se serait-il acquitté?* Il se serait acquitté en autant de semaines que 9 contient de fois 2 ou en 4 semaines, sauf 1ᶠ qu'il n'aurait pas rendu, ou il se serait acquitté au bout de 5 semaines en ne donnant que 1ᶠ la 5ᵉ semaine.

71. Premier cas. — *Le diviseur et le quotient n'ont qu'un seul chiffre.* 1° Diviser 48 par 6. Dans la table de multiplication, parmi les multiples de 6, je cherche 48 : je trouve qu'il est égal à 6 fois 8 ; 8 est le quotient cherché.

2° Diviser 50 par 6. Dans la table de multiplication, parmi les multiples de 6, je cherche 50 : il n'y est pas ; je cherche alors le plus grand de ces multiples contenu dans 50 ; je trouve 48 ou 6 fois 8 : 8 est la partie entière du quotient.

En réalité, comme on doit savoir de tête les produits

contenus dans la table de multiplication, on fera ces opérations sans être obligé d'y recourir.

Ex. : La moitié de 19 est de 9; 2 fois 9 font 18, 18 ôté de 19, il reste 1; c'est le reste de la division. On dit d'une manière plus abrégée :

La moitié de 19 est 9 pour 18 et il reste 1;
Le 5ᵉ de 19 est 3 pour 15 et il reste 4;
Le 7ᵉ de 49 est 7 exactement;
Le 7ᵉ de 60 est 8 pour 56 et il reste 4.

EXERCICES Nº 16.

I. Faire le tableau des quotients entiers des nombres compris entre 2 et 20, par 2; entre 3 et 30, par 3; entre 4 et 40, par 4; entre 5 et 50, par 5, et écrire les restes.

II. Même question pour 6, 7, 8, 9.

III. Remarquer dans les résultats précédents les nombres divisibles par 2 et par 5; par quels chiffres sont terminés tous les nombres pairs? les multiples de 5?

IV. Quels sont les nombres qui divisent exactement 30, 60, 18, 36, 180, 360?

V. Un nombre a été partagé en 1235 parties égales; chaque part est de 1715 unités; et il reste 847 unités non partagées; quel est ce nombre?

VI. Pour 24 francs on a 6 mètres d'étoffe; quel est le prix d'un mètre? combien coûteraient 16ᵐ,75?

VII. Un kilogramme d'étain coûtant 3 francs, combien en a-t-on pour 27 francs? pour 24 francs, pour 18 francs, pour 15 francs, pour 12 francs? Combien, à un kilogramme près, pour 22 francs?

VIII. 12 quintaux de blé ont été payés 400 francs. Combien a-t-on de ce blé pour 100 francs; combien coûtent 36 quintaux de ce même blé?

IX. De Paris à Melun il y a 44 kilomètres; un train de marchandises a mis 11 heures pour faire ce trajet; combien parcourt-il par heure? combien mettrait-il d'heures à parcourir 36 kilomètres?

X. Aux environs de Paris, la Seine a une vitesse, au courant, de 6 décimètres par seconde; combien un corps qui flotte emploiera-t-il de secondes pour passer sous un pont qui a 42 mètres de largeur?

XI. De Paris à Versailles, en passant par Clamart et Bellevue, il y a 18 kilomètres; Clamart est au tiers du chemin, Bellevue à la moitié. Quelles sont les distances de Paris à Clamart et à Bellevue, de Clamart à Bellevue et à Versailles, de Bellevue à Versailles?

DIX-SEPTIÈME LEÇON.

VII. DIVISION (SUITE).

Cas particuliers. — Deuxième cas.— Simplification. — Application
de la règle. — Exercices.

72. Cas particuliers. — I. *Division d'un nombre par*
10, 100, 1000. Diviser 234,5 par 10, 100, 1000, c'est rendre
ce nombre 10, 100, 1000 fois plus petit : on sait qu'il suffit
pour cela de déplacer la virgule dans le nombre à diviser
de 1, 2, 3.., rangs vers la gauche.

$$234,5 : 10 = 23,45 ; \qquad 234,5 : 100 = 2,345$$
$$234,5 : 1000 = 0,2345 ; \qquad 234,5 : 10\,000 = 0,02345.$$

De même on aurait :

$$56 : 10 = 5,6 ; \quad 56 : 100 : 0,56 ; \quad 5400 : 10 = 540 ;$$
$$5400 : 100 = 54 ; \quad 5400 : 1000 = 5,4.$$

II. *Le diviseur est formé d'un chiffre significatif suivi
de un ou plusieurs zéros.* Diviser 1984 par 200. Si je
partage 1984 en 100 parties égales et ensuite chaque part
en deux parts égales j'aurai fait 200 parts égales. Les
dernières parts obtenues seront donc égales au quotient cherché. Le centième de 1984 est 19,84 ; la moitié
de 19 est de 9 pour 18, et il reste 1. On a donc encore
à partager 1,84 en deux parties égales, ce qui ne donne
pas une unité pour chaque part. La partie entière du
quotient de 19,84 par 200 est donc 9, ou la même qu'en divisant 19 par 2.

La partie entière du quotient s'obtient donc dans ce cas
en *divisant par le chiffre significatif du diviseur les unités de
même ordre du dividende.*

Ainsi la partie entière du quotient de 1984 par 300 est
6, parce que le quotient de 19 par 3 est 6. Le quotient de
2513 par 600 est 4 ; celui de 43521 par 6000 est 7.

73. Deuxième cas.— *Le dividende et le diviseur ont plusieurs chiffres, et le quotient n'en a qu'un seul.* Diviser 1984 par 246. — C'est partager 1984 en 246 parties égales.

1° 198, nombre de dizaines, étant moindre que 246, il n'y aura pas une dizaine dans chaque part; mais 1984 étant plus grand que 246, il y aura au moins une unité dans chaque part. Le quotient n'aura qu'un chiffre.

2° Si je partageais 1984 en 200 parts, au lieu de 246, le nombre de parts étant trop petit, chaque part ne pourrait être que trop grande. 1984 divisé par 200 (72) donne pour quotient 9; le quotient de 1984 par 246 est donc 9 ou un nombre plus petit.

Si je partageais 1984 en 300 parts au lieu de 246, le nombre des parts étant trop grand, chaque part ne pourrait être que trop petite. 1984 divisé par 300 (72) donne pour quotient 6; le quotient de 1984 par 246 est donc 6 ou un nombre plus grand.

Ainsi le quotient est nécessairement 9, 8, 7 ou 6.

3° Pour savoir lequel de ces quatre nombres est le quotient, on les essaye.

Essayons 9, lequel ne peut être que trop fort. Pour cela, ayant disposé l'opération comme ci-dessous, multiplions le diviseur 246 par le quotient présumé 9;

$$\begin{array}{c|c} 1984 & 246 \\ 2214 & \overline{9} \end{array}$$

écrivons à mesure sous le dividende les chiffres du produit pour l'en retrancher, si c'est possible. Ce produit 2214 ne peut pas se retrancher de 1984; donc (68) 9 est trop fort. Essayons 8 de la même manière :

$$\begin{array}{c|c} 1984 & 246 \\ 1968 & \overline{8} \\ \hline 16 & \end{array}$$

Le produit 1968 peut se retrancher du dividende ; 8 n'est

pas trop fort; donc 8 est le quotient cherché. 1968 ôté de 1984, il reste 16 ; c'est le reste de la division.

Règle : *Pour trouver, quand il doit avoir un seul chiffre, le quotient de deux nombres entiers quelconques, on divise par le chiffre des plus hautes unités du diviseur le nombre des unités de même ordre du dividende; puis on essaye le chiffre trouvé ; pour cela on multiplie le diviseur par ce chiffre ; si le produit peut se retrancher du dividende, le chiffre trouvé est le quotient cherché, et on obtient pour reste le reste de la division; si le produit ne peut pas se retrancher, on diminue d'une unité le chiffre trouvé, et on essaye le nouveau chiffre, et ainsi de suite.*

Remarques. I. Dans l'exemple qui nous a servi à l'explication de cette règle, au lieu de commencer l'essai des chiffres du quotient par le chiffre le plus fort, 9, nous aurions pu le commencer par le chiffre le plus faible, 6. Mais il convenait d'essayer d'abord 9, parce que 246 est plus près de 200 que de 300. Considérons l'opération suivante : diviser 1984 par 268. Le quotient sera, comme dans l'exemple précédent, 9, 8, 7 ou 6 ; mais comme 268 est plus près de 300 que de 200, nous essayerons d'abord 6, lequel ne peut être que trop faible.

$$\begin{array}{r|l} 1984 & 268 \\ 1608 & \\ \hline 376 & 6 \end{array}$$

6 fois 268 font 1608; 1608 ôtés de 1984, il reste 376 ; ce reste étant plus grand que 268, il s'ensuit (68) que 5 est trop faible. Essayons 7.

$$\begin{array}{r|l} 1984 & 268 \\ 1876 & \\ \hline 108 & 7 \end{array}$$

7 fois 268 font 1876 ; 1876 ôtés de 1984, il reste 108 ; ce reste étant plus petit que 268, 7 est le chiffre qui convient.

II. Quand le chiffre qui est à droite de celui des

plus hautes unités dans le diviseur est plus petit que 5, on suit la règle énoncée ; dans le cas contraire, on divise par le chiffre des plus hautes unités augmenté de 1, les unités de même ordre du dividende ; puis on essaye le chiffre trouvé. Si le produit du diviseur par ce chiffre, retranché du dividende, donne un reste inférieur au diviseur, le chiffre trouvé est le quotient cherché ; sinon on l'augmente d'une unité, et on essaye le nouveau chiffre, et ainsi de suite.

74. Simplification. — Pour retrancher du dividende le produit du diviseur par le quotient, on fait la multiplication et la soustraction en même temps. Reprenons le premier exemple 1984 : 246.

$$\begin{array}{r|l} 1984 & 246 \\ 16 & \overline{8} \end{array}$$

Pour essayer le chiffre 8, on dit : 8 fois 6 unités, 48 unités ; 48 unités à ôter de 4, c'est impossible ; je joins donc à ces 4 unités 5 dizaines, et je dis 48 unités de 54 unités, il reste 6 unités ; mais j'ai ajouté au nombre supérieur 5 dizaines, il faudra donc les ajouter aussi au nombre inférieur : 8 fois 4 dizaines, 32 dizaines, et 5 dizaines retenues, 37 dizaines ; ne pouvant retrancher 37 dizaines de 8 dizaines, j'agis comme précédemment et je dis : 37 de 38, il reste 1 et je retiens 3 ; 8 fois 2 centaines, 16 centaines, et 3 de retenues, 19 ; de 19 il ne reste rien. Le reste de la division est 16.

75. Application de la règle.

Ex. : I. Diviser 46521 par 9437. 1° Le quotient n'aura qu'un chiffre, car 4652 est moindre que 9437. 2° Les plus hautes unités du diviseur sont des mille : il en contient 9 et le diviseur, 46.

$$\begin{array}{r|l} 46521 & 9437 \\ 8773 & \overline{4} \end{array}$$

Le 9e de 46 est 5 pour 45 ; essayons 5 sans l'écrire : 5 fois 9 font 45, de 46 reste 1; 5 fois 4, 20, qui ne peut se retrancher de 15; 5 est trop fort. Essayons 4; ce chiffre paraît être bon; je l'écris. — 4 fois 7, 28, de 31, reste 3, et je retiens 3; — 4 fois 3, 12; et 3 de retenus, 15; de 22, reste 7, et je retiens 2; — 4 fois 4, 16; et 2 de retenus, 18; de 25, reste 7 et je retiens 2; — 4 fois 9, 36; et 2 de retenus, 38; de 46, reste 8; — 4 est le quotient et 8773 est le reste.

II. Diviser 2513 par 684. 1° Comme 251 est plus petit que 684, le quotient n'aura qu'un chiffre. 2° Les plus hautes unités du diviseur sont des centaines; le dividende en contient 25, le diviseur 6; j'en compte 7 en forçant l'unité, parce que le chiffre suivant est plus grand que 5. Le 7ᵉ de 25 est de 3 pour 21; 3 *paraît bon :* écrivons-le au quotient et essayons-le.

$$\begin{array}{r|l} 2513 & 684 \\ 461 & \overline{3} \end{array}$$

3 fois 4, 12; de 13, reste 1, et je retiens 1; — 3 fois 8, 24; et 1 de retenu, 25; de 31, reste 6, et je retiens 3; — 3 fois 6, 18, et 3, 21; de 25, reste 4. — Le quotient est 3 et le reste est 461.

EXERCICES Nº 17.

I. Trouver depuis zéro jusqu'à cent les nombres divisibles par 9, de même depuis 2397 jusqu'à 2421. Pour chacun de ces nombres, faire la somme des chiffres et la diviser par 3. Quel est le reste de toutes ces divisions ?

II. Trouver les quotients et les restes obtenus en divisant les nombres 10, 100, 1000 : 1° par 3; 2° par 9; 3° par 6.

III. On a multiplié un nombre par 2534; on y a ajouté 721; on trouve pour résultat 12 000; quel est le nombre sur lequel on a opéré ?

IV. Les départements des Basses-Alpes, des Hautes-Alpes et des Alpes-Maritimes ont des étendues respectives de 695 419 hectomètres carrés; 558 961 hectomètres carrés, 383 900 hectomètres carrés; ils sont peuplés respectivement de 146 368, 125 100, 194 578 habitants; on demande quelle étendue de terrain, à 1 hectomètre près, occupe en moyenne 1 habitant dans ces trois départements ?

V. Un déblai à faire était de 3681 mètres cubes; 1 mètre cube de erre pèse à peu près 16 quintaux. On enlevait toutes les semaines 6544 quintaux de terre; en combien de semaines le déblai a-t-il dû etrè achevé ?

VI. Une masse d'air occupe un volume de 6384 mètres cubes; on sait que l'air pèse environ 773 fois moins que l'eau; quel est le poids de cette masse d'air ?

VII. Faire le tableau des neuf premiers multiples de 234; au moyen de ce tableau, partager 468 en 2 parties égales; 708, 948, 970, 1506, 1800, 2300 en 234 parties égales?

VIII. Dans l'eau, le gaz hydrogène entre pour un neuvième du poids, l'oxygène pour les 8 autres neuvièmes. Combien y a-t-il d'oxygène et d'hydrogène dans 63 kilogrammes d'eau ?

IX. Dans l'air il y a environ 23 grammes d'oxygène et 77 d'azote sur 100 grammes d'air. Combien y a-t-il d'azote dans une masse d'air qui contient 1 kilogramme d'oxygène; combien y a-t-il d'air, le tout en kilogrammes ?

DIX-HUITIÈME LEÇON.

VII. DIVISION (SUITE).

Troisième cas.— Application de la règle. — Cas particuliers.
Exercices.

76. Troisième cas. — *Le dividende, le diviseur et le quotient sont des nombres entiers quelconques.* Diviser 16723 par 26. Cela revient à partager 16 723 en 26 parties égales.

1° 16 étant moindre que 26, je ne puis sur les 16 mille du dividende donner 1 mille à chaque part. Le quotient n'aura donc pas de mille. Mais 167 étant plus grand que 26, si je partage 167 centaines en 26 parts, chaque part contiendra au moins une centaine. Les centaines seront les plus hautes unités du quotient.

$$\begin{array}{r|l} 16723 & 26 \\ 112 & \overline{643} \\ 83 & \\ 5 & \end{array}$$

2° 167 centaines est appelé le premier dividende partiel. La 26° partie de 167 centaines (73), est 6 centaines, que j'écris au quotient, et le reste 11 centaines. J'ai encore à partager ces 11 centaines et les 23 unités ; ou, en écrivant les 2 dizaines à côté des 11 centaines, 112 dizaines et 3 unités.

112 dizaines est le deuxième dividende partiel. La 26° partie de 112 dizaines est 4 dizaines (j'en écris le chiffre à droite des 6 centaines); et le reste est 8 dizaines. J'ai encore à partager ces 8 dizaines et les 3 unités, ou, en écrivant ces 3 unités à côté des 8 dizaines, 83 unités.

83 est le dernier dividende partiel. La 26° partie de 83 unités est 3 unités, (j'en écris le chiffre à droite des 64 dizaines); et le reste est 5 unités.

J'ai ainsi partagé tout le dividende, sauf ces 5 unités, dont la 26ᵉ partie est moindre qu'une unité. La partie entière du quotient est donc 643 et le reste de la division est 5.

REMARQUE. Le premier dividende séparé fournit un chiffre du quotient; chacun des autres chiffres du dividende en fournit aussi un.

RÈGLE : *Pour trouver le quotient de deux nombres entiers quelconques, on sépare, sur la gauche du dividende, le plus petit nombre des chiffres qui fasse un nombre contenant le diviseur. Ce premier dividende partiel divisé par le diviseur donne le chiffre des plus hautes unités du quotient.*

A la droite du reste, on abaisse le chiffre suivant du dividende; on forme ainsi le second dividende partiel, qui, divisé par le diviseur, donne le chiffre suivant du quotient.

On continue de la même manière, jusqu'à ce qu'on ait abaissé le chiffre des unités du dividende. On forme ainsi le dernier dividende partiel, qui, divisé par le diviseur, donne le chiffre des unités du quotient, et le reste de la division.

77. Application de la règle.

Ex. : I. Diviser 4 875 895 par 6234.

J'écris le dividende; je trace à sa droite un trait vertical; à droite de ce trait, j'écris le diviseur; sous le diviseur je trace un trait horizontal, sous lequel j'écrirai le quotient.

$$
\begin{array}{r|l}
4875895 & 6234 \\
51209 & \overline{} \\
13375 & 782 \\
907 &
\end{array}
$$

1º Le plus petit nombre, séparé à la droite du dividende, qui contienne le diviseur, est 48758.—48 divisé par 6 donne 8; 8 serait trop fort; 7 sera bon; j'écris 7 au quotient; 7 fois 4, 28, de 28, reste 0, et je retiens 2; — 7 fois 3, 21, et 2 de retenus, 23; de 25, reste 2, et je retiens 2; — 7 fois 2, 14, et 2 de retenus, 16; de 17, reste 1, et je retiens 1; — 7 fois 6, 42, et 1 de retenu 43; de 48, reste 5.

2° J'abaisse le chiffre suivant 9. 51|divisé par 6 donne 8, pour 48;
je l'essaye; 8 est bon : 8 fois 4, 32; de 39, reste 7 et je retiens 3;
— 8 fois 3, 24; et 3 de retenus 27; de 30, reste 3 et je retiens 3;
— 8 fois 2, 16; et 3 de retenus, 19; de 22, reste 3 et je retiens 2;
— 8 fois 6, 48, et 2 de retenus, 50; de 51 reste 1.

3° J'abaisse le chiffre suivant 5. 13 divisé par 6 donne 2, pour 12;
je l'essaye; 2 est bon : 2 fois 4, 8, de 15, il reste 7 et je retiens 1;
2 fois 3, 6, et 1 de retenu, 7; de 7, reste 0; 2 fois 2, 4; de 13,
reste 9, et je retiens 1; 2 fois 6, 12, et 1 de retenu, 13, de 13 reste
zéro. Le quotient entier est 782 et le reste 907.

II. Diviser 836 448 par 24.

$$\begin{array}{c|c} 836448 & 24 \\ 116 & \overline{34852} \\ 204 & \\ 124 & \\ 48 & \\ 0 & \end{array}$$

J'applique la règle comme dans le précédent exemple. Le dernier dividende partiel 48, divisé par 24, donne 2 pour quotient et
zéro pour reste. Le quotient est 34852 exactement.

78. Cas particuliers. — I. *Un dividende partiel est
plus petit que le diviseur.* — Diviser 1 648 529 par 327.

$$\begin{array}{c|c} 1648529 & 327 \\ 1352 & \overline{5041} \\ 449 & \\ 122 & \end{array}$$

En appliquant la règle, on trouve pour second dividende
partiel 135 centaines; comme 135 est moindre que 327,
en partageant 135 centaines en 327 parties égales, il n'y
aura pas une centaine pour chaque part; on écrit donc
0 centaine à droite des 5 mille du quotient; on abaisse le
chiffre du dividende, 2; 1352 est le dividende partiel suivant; on continue l'opération comme à l'ordinaire.

II. *Le diviseur n'a qu'un seul chiffre.* Diviser 55812
par 8. Dans ce cas particulier, les restes étant moindres

que 10, on ne les écrit pas; on dispose l'opération comme il suit :

$$\text{Reste} \dots\dots\dots\dots \quad\quad 4$$
$$55812 : 8$$
$$\text{Quotient} \dots\dots\dots\dots \quad 6976$$

et on s'exprime ainsi :

Le 8me de 55 est 6 pour 48 et il reste 7; — on écrit 6 sous les 5 mille; — le 8me de 78 est 9, pour 72 et il reste 6; — on écrit 9 sous 8 centaines et ainsi de suite.

On opérera ainsi toutes les fois que le diviseur n'aura qu'un seul chiffre, ou quand il sera 11 ou 12, ou tout autre **nombre** dont on connaît les **multiples**.

EXERCICES N° 18.

I. Un train de voyageurs parcourt 360 kilomètres en 8 heures; combien parcourt-il dans 1 heure, dans 1 minute, dans 20 minutes, dans 1 seconde ?

II. Le train qu'on nomme le *Rapide*, parti de Paris à 7 heures 45 minutes du soir, arrive à Marseille à midi. Sachant que la distance est de 863 kilomètres, combien emploie-t-il de secondes à parcourir un kilomètre ?

III. Un sac de farine contenant 157 kilogrammes, dans combien de sacs semblables sont ensachés 39 250 kilogrammes de farine?

IV. 1° A 69 francs le sac de 157 kilogrammes, combien a-t-on de grammes de farine pour 1 franc; 2° à $0^f,75$ de plus on a vendu à la halle de Marseille 120 sacs pareils dans un jour; pour quelle somme en a-t-on vendu?

V. Dans l'année 1851, en France, 163 400 chevaux de trait ont été remplacés par des machines dont la force totale était de 54 467 chevaux-vapeur : 1° combien un cheval-vapeur peut-il remplacer de chevaux de trait; 2° le nombre de ces machines étant supposé de 5846, quelle était la force moyenne d'une de ces machines en chevaux-vapeur ?

VI. Diviser les nombres 10, 100, 1000, 10 000 par 11; trouver les quotients entiers et les restes.

VII. Quels sont les quotients et les restes des divisions :

4872 : 10;	4872 : 100;	34 942 : 1000;
132 732 : 5439;	132 732 : 5430;	132 732 : 5400;
132 732 : 5000;	132 700 : 5430;	132 000 : 5400;
130 000 . 5000.		

VIII. On divise l'équateur terrestre en 360 degrés ou 24 quinzaines de degrés; combien de temps faudrait-il pour le parcourir, en supposant que l'on fît par jour, en moyenne, une quinzaine de lieues de 20 au degré?

DIX-NEUVIÈME LEÇON

VII. DIVISION (SUITE).

Compléter le quotient par des chiffres décimaux.— Premier cas de la division des nombres décimaux. — Cas particuliers. — Exercices.

79. Compléter par des chiffres décimaux le quotient de deux nombres entiers.

Ex. : Diviser 621 par 547 :

$$
\begin{array}{r|l}
621 & 547 \\
740 & \overline{} \\
1930 & 1{,}13 \\
289 &
\end{array}
$$

1° Le 547e de 621 est 1, que j'écris au quotient, et il reste 74 unités non partagées.

2° 74 unités valent 740 dixièmes; j'écris 0 à la droite du reste 74; le 547e de 740 dixièmes est 1 dixième, et il reste 193 dixièmes. A droite du chiffre entier 1, j'écris une virgule, et à droite le chiffre 1 des dixièmes. Le quotient en dixièmes, ou à 1 dixième près, est 1,1.

3° 193 dixièmes valent 1930 centièmes; dont le 547e est 3 centièmes; et il reste 289 centièmes. Le quotient en centièmes ou à 1 centième près est 1,13.

On obtient ainsi le quotient avec autant d'exactitude que l'on veut.

80. Premier cas de la division des nombres décimaux. — *Division d'un nombre décimal par un nombre entier.* Diviser 537,72 par 39.

$$
\begin{array}{r|l}
537{,}72 & 39 \\
147 & \overline{} \\
307 & 13{,}787 \\
342 & \\
300 & \\
27 &
\end{array}
$$

1° 537 divisé par 39 donne pour quotient entier 13, et pour reste 30.

2° Il reste donc à partager d'une part 30 unités, de l'autre 7 dixièmes et 2 centièmes. Aux 30 unités qui valent 300 dixièmes, je joins les 7 dixièmes, en abaissant le chiffre 7 à la droite du reste 30, ce qui fait 307 dixièmes; dont le 39ᵉ est 7 dixièmes; il reste 34 dixièmes; j'écris les 7 dixièmes à droite des 13 entiers, en les séparant par une virgule. Le quotient, à 1 dixième près, est 13,7.

3° Les 34 dixièmes valent 340 centièmes, j'y joins les 2 centièmes en abaissant le chiffre 2 du dividende, à droite du reste 34; le 39ᵉ de 342 centièmes est 8 centièmes, que j'écris à droite des dixièmes, et le reste est 30 centièmes. Le quotient, à 1 centième près, est 13,78.

4° Les 30 centièmes valent 300 millièmes; comme il n'y a pas de millièmes au dividende, j'écris un zéro à la droite du reste 30, et je partage les 300 millièmes en 39 parties égales; le quotient est 7 millièmes, que j'écris à droite des centièmes déjà écrits, et le reste est 27 millièmes. Le quotient, à 1 millième près, est 13,787.

En continuant de même, on obtient le quotient avec autant d'exactitude que l'on veut.

Règle : *Pour trouver le quotient d'un nombre entier ou décimal par un nombre entier, 1° on divise la partie entière du dividende par le diviseur ; le quotient obtenu est la partie entière du quotient : on écrit une virgule à sa droite.*

2° *On continue la division d'après la règle des nombres entiers, en supposant écrits à la droite du dividende autant de zéros qu'il est nécessaire.*

Si l'on continue la division jusqu'à ce que le reste soit nul, le quotient obtenu est exact.

Si l'on s'arrête à un chiffre décimal, le quotient obtenu est *approché* à moins d'une unité du dernier chiffre écrit; le reste est de l'ordre des dernières unités divisées.

81. Cas particuliers. — I. *Le dividende ne contient*

pas d'entiers ou en contient moins que le diviseur. On suit la règle générale, mais la partie entière du quotient est nulle.

1° Diviser 5,216 par 12 :

$$
\begin{array}{r|l}
5,2\,1\,6 & 1\,2 \\
4\,1 & \overline{\ 0,4\,3\,4\,6\ldots} \\
\quad 5\,6 & \\
\qquad 8\,0 & \\
\qquad\ 8.. & \\
\end{array}
$$

Le 12ᵉ de 5 est zéro; le 12ᵉ de 52 dixièmes est 4 dixièmes, et il reste 4 dixièmes, etc.

2° Diviser 0,1572 par 31 :

$$
\begin{array}{r|l}
0,1\,5\,7\,2 & 3\,1 \\
2\,2\,0 & \overline{\ 0,0\,0\,5\,0\,7\ldots} \\
\quad 3\ldots & \\
\end{array}
$$

Il n'y a pas d'entier, pas de dixième, pas de centième; j'écris 0 entier, virgule, 0 dixième, 0 centième; le 31ᵐᵉ de 157 mil- lièmes est 5 millièmes, et il reste 2; etc.

II. *Le diviseur n'a qu'un seul chiffre entier.* On dispose l'opération comme dans le cas analogue de la division des nombres entiers.

1° Diviser 53,47 par 8 :

$$
\begin{array}{ll}
\text{Reste}\ldots\ldots\ldots & 0,006 \\
& 53,47 : 8 \\
\text{Quotient}\ldots\ldots & 6,683 \\
\end{array}
$$

2° Diviser 0,00341 par 7 :

$$
\begin{array}{ll}
\text{Reste}\ldots\ldots\ldots & 0,000\,001 \\
& 0,003\,41 : 7 \\
\text{Quotient}\ldots\ldots & 0,000\,487 \\
\end{array}
$$

III. *Le diviseur est terminé par un ou plusieurs zéros.* 1° *Le dividende est entier ou décimal.* Soit 2854,5 à diviser par 1500. Si je partage 2854,5 en 100 parties égales, et ensuite chaque part en 15 parts égales, j'aurai fait 1500 parts égales. Les dernières obtenues seront donc égales au quotient cherché. Le 100ᵉ de 2854,5 est 28,545; le 15ᵉ de ce nombre, ou le quotient demandé, est 1,903.

RÈGLE PARTICULIÈRE. *Quand le diviseur est terminé par des zéros, on les supprime et on divise le dividende par l'unité suivie du même nombre de zéros; on fait ensuite la division comme à l'ordinaire.*

2° *Les deux termes sont terminés par des zéros.* Il n'y a qu'à appliquer cette même règle.

Ex. I.   1800 : 500 = 18 : 5 = 3,6
    II.   18000 : 500 = 180 : 5 = 36
    III.   180 : 500 = 1,8 : 5 = 0,36.

REMARQUE. *On ne change pas le quotient de deux nombres entiers en supprimant à la droite de chacun d'eux le même nombre de zéros.* 18000 : 500 = 180 : 5.

EXERCICES N° 19.

I. 259 hectolitres de gaz d'éclairage ont été brûlés par un seul bec en 125 heures; combien ce bec a-t-il brûlé par heure? — Combien 1^{hl} a-t-il mis de temps à brûler?

II. Un point situé sur l'équateur parcourt environ 40 000 000^m en 24^h; combien parcourt-il en 1^h, en 1^m, en 1^s; le tout à 1 centimètre près?

III. La circonférence d'un méridien ayant 40 000 000^m, et contenant 360°, quel est en mètres la longueur de 1°?

IV. Quelle est en kilomètres et en mètres la longueur de la lieue de 20 au degré, ou de 25 au degré (cela veut dire que 1° en contient 20 ou 25?)

V. Quel est le nombre qui, multiplié par 175, donne pour produit 122,5?

VI. Quel est le nombre tel qu'en le multipliant par 4875 et y ajoutant 8,2, on trouve pour résultat 29,332?

VII. Quel est le prix d'achat du kilogramme d'une marchandise dont on a vendu 127^{kg} au prix de 5^f,50 le kilog., sachant qu'à ce prix on a gagné sur le tout 54^f,61?

VIII. Quel nombre augmenté de 3 fois 8,6 et divisé par 9 donne 5 pour quotient et 4 pour reste.

IX. Quel est le nombre auquel il manque 29,7 pour que, divisé par 5123,4, il donne 15678 pour quotient et 3047,5 pour reste?

VINGTIÈME LEÇON.

VII. DIVISION (suite).

Définition générale de la division. — Deuxième cas de la division des nombres décimaux. — Application de la règle. — Quotient périodique. — Preuve de la multiplication par la division. — Preuve de la division par la multiplication. — Exercices.

82. Définition générale de la division. — Nous avons déjà remarqué (66) que le quotient est le nombre par lequel il faut multiplier le diviseur pour obtenir le dividende. De là, la définition générale de la division :

Diviser un nombre par un autre, c'est chercher par quel nombre il faut multiplier le second pour avoir le premier.

83. Deuxième cas de la division des nombres décimaux. — *Le diviseur est un nombre décimal.* Diviser 3,15 par 12,5. D'après la définition, c'est chercher par quel nombre il faut multiplier 12,5 pour avoir 3,15. Déplaçons la virgule d'un rang vers la droite dans le dividende et effaçons-la dans le diviseur, divisons 31,5 par 125, nous verrons que le quotient n'aura pas été altéré par ces changements.

$$
\begin{array}{r|l}
31,5 & 125 \\
650 & \overline{0,252} \\
250 & \\
0 & \\
\end{array}
$$

D'après la division faite,

$$125 \times 0,252 = 31,5$$
$$\text{donc} \quad 12,5 \times 0,252 = 3,15$$

parce que, ayant un chiffre décimal de plus dans le facteur 12,5, qui remplace 125, il doit y en avoir un de plus au produit. 3,15 étant le produit de 12,5 par 0,252, il s'ensuit que 0,252 est le quotient de la division de 3,15 par 12,5.

RÈGLE. *Pour diviser un nombre quelconque par un nombre décimal, on supprime la virgule au diviseur et on déplace vers la droite celle du dividende d'autant de rangs qu'il y avait de chiffres décimaux au diviseur ; on est alors ramené au cas où le diviseur est entier.*

84. Application de la règle.

Ex.: I. Diviser 7,913 par 0,86 :

```
7,9 1·3  | 0,8 6
    1 7 3 |————————
      1 0 0 | 9,2 0 1
        1 4 |
```

D'après la règle, nous nous ramenons à diviser 791,3 par 86. Mais, au lieu de déplacer réellement la virgule dans le dividende et de l'effacer dans le diviseur, marquons simplement un point dans le dividende au-dessus de la place où nous devrions écrire la virgule, entre 1 et 3, et faisons la division de 791,3 par 86, suivant la règle du n° 80 : le quotient de 791 par 86 est 9, partie entière du quotient, et le reste est 17; etc.

Le quotient est 9,201, à 1 millième près. On continuerait l'opération si l'on voulait un quotient plus approché en divisant 14 millièmes par 86 entiers.

II. Diviser 0,93 par 1,05 :

```
0,9 3·0   | 1,0 5
    9 0 0 |————————
      6 0 0 | 0,8 8 5 7
        7 5 0 |
          1 5 |
```

Dans ce cas on se trouve ramené à la division d'un nombre entier 93, par un nombre entier 105.

III. Diviser 6,41 par 0,472 :

```
6,4 1 0.  | 0,4 7 2
    1 6 9 0 |————————
      2 7 4 0 | 1 3,5
        3 8 0 |
```

Dans ce troisième exemple, pour appliquer la règle, on écrit un zéro à la droite du dividende; on est encore ramené à la division de deux nombres entiers.

PROBLÈME. *Une pièce de machine en fonte pesant* 16^{kg},456 *a coûté* 4^f,20, *à combien revient chaque kilogramme?*

Solution : Si on connaissait le prix de 1^{kg}, en le multipliant par 16,456 on aurait le prix de 16^{kg},456, c'est-à-dire 4^f,20. Donc 4^f,20 est le produit de 16,456 par le prix cherché. Il s'ensuit que le prix cherché est le quotient de 4^f,20 par 16,456. En faisant la division, on trouve pour quotient 0,255.

Réponse : 0^f,26.

85. Quotient périodique. — Dans tous les cas, on est ramené à diviser un nombre entier par un autre. Il peut se faire que l'opération se termine; nous en avons vu des exemples; mais il peut se faire aussi qu'elle ne se termine pas. Ex. 327 : 22.

$$
\begin{array}{r|l}
327 & 22 \\
107 & \overline{14,86363\ldots} \\
190 & \\
140 & \\
80 & \\
140 & \\
\end{array}
$$

Arrivé au reste 14, ou au dividende partiel 140, si l'on continue la division, on trouve pour quotient 6 et pour reste 8; je divise 80 par 22; le quotient est 3 et le reste 14. Si je divise 140 par 22, j'obtiendrai encore pour quotient 6 et pour reste 8; puis 3 pour quotient et 14 pour reste; après quoi j'obtiendrai constamment les mêmes restes et les mêmes quotients, les chiffres du quotient seront donc indéfiniment 63, 63, 63…

On voit que ce quotient ne se termine pas.

On voit, de plus, que les mêmes chiffres se reproduisent indéfiniment. Un quotient décimal ainsi composé s'appelle *quotient périodique;* l'ensemble des chiffres qui se reproduisent périodiquement se nomme la *période*.

86. Preuve de la multiplication par la division. — *Le produit divisé par le muliplicateur doit donner pour quotient exact le multiplicande.* On écrit donc le

multiplicateur à côté du produit trouvé et on fait la
division.

$$
\begin{array}{r}
3\,2,7\,4 \\
3,7 \\
\hline
2\,2\,9\,1\,8 \\
9\,8\,2\,2 \\
\end{array}
$$

$$
\begin{array}{r|l}
1\,2\,1,1\,3\,8 & 3,7 \\
1\,0\,1 & \\
2\,7\,3 & 3\,2,7\,4 \\
1\,4\,8 & \\
0 &
\end{array}
$$

On choisit pour diviseur le multiplicateur, sans quoi on
referait dans la division les mêmes multiplications partielles que l'on aurait déjà faites dans la multiplication, et on
risquerait d'y répéter les mêmes erreurs. Cette preuve est
moins commode que celle que l'on fait en intervertissant
simplement les facteurs; on choisira donc généralement la
preuve par la multiplication.

**87. Preuve de la division par la multiplica-
tion.** — *Le dividende doit être égal au produit du quotient
multiplié par le diviseur, augmenté du reste, s'il y en a un.*
On écrit donc le diviseur sous le quotient; on fait la multiplication, mais après avoir obtenu les divers produits
partiels, on écrit au-dessous le reste, de façon que
son dernier chiffre de droite soit sous le dernier chiffre de
droite du premier produit partiel. On fait ensuite la somme
des divers produits partiels et du reste; on retrouve le
dividende.

$$
\begin{array}{r|l}
5,3\,1\,2 & 3\,2,7\,4 \\
2\,0\,3\,8\,0 & \\
7\,3\,6\,0 & 0,1\,6\,2 \\
8\,1\,2 & 3\,2,7\,4 \\
\hline
& 6\,4\,8 \\
& 1\,1\,3\,4 \\
& 3\,2\,4 \\
& 4\,8\,6 \\
& 8\,1\,2 \\
\hline
& 5,3\,1\,2\,0\,0
\end{array}
$$

On choisit pour multiplicateur le diviseur, parce que dans la division on a multiplié déjà le diviseur par le quotient.

EXERCICES Nº 20.

I. 234^l,52 d'huile d'œillette ont coûté en gros 375^f,25 ; quel est le prix du litre d'huile d'œillette ? combien en a-t-on de litres pour 100^f ?

II. L'huile d'arachides, récemment introduite dans la consommation comme huile comestible, coûte 155^f les 100 kil. ; elle en coûtait, 3 mois auparavant, 135,75. Un commerçant en a acheté une certaine quantité il y a 3 mois ; il la revend aujourd'hui 2354^f de plus (bénéfice brut). Quelle est la quantité d'huile ainsi achetée et revendue ?

III. Dans le problème précédent, si l'on suppose que les frais du commerçant ont été, pour la garde de son huile pendant ces trois mois, de 2^f,50 pour les mille kilogr., et si l'on compte en outre pour l'intérêt de son argent 6^f,75 pour 100^{kg} d'huile, quel bénéfice net (déduction faite de ses frais) a-t-il fait sur toute son affaire ; quel bénéfice net pour 100^{kg} d'huile ?

IV. Une seule personne pendant un jour perd par l'expiration, l'exhalation cutanée, etc., environ 550 litres d'acide carbonique, contenant environ 280 grammes de carbone. Quelle est la quantité de pain qui réparerait cette perte en carbone, sachant que 100^{kg} de pain fournissent environ 29^{kg},5 de carbone? Quelle est la quantité de pain qui pourrait réparer la perte du carbone contenu dans 1000 litres d'acide carbonique ?

V. La population de Paris est de 1 696 141 habitants. Elle consomme 2 866 133 hectolitres de vin en cercles et 16 496 de vin en bouteilles, dans une année ; quelle est la consommation journalière de la ville ? quelle est la consommation annuelle pour un habitant ? quelle est la consommation journalière par habitant ?

VI. La même population consomme annuellement 133 268 689^{kg} de viandes de boucherie et de charcuterie ; combien en consomme-t-on en moyenne par an, par mois et par jour, dans une famille composée de 6 personnes ?

VII. Par quel nombre a-t-on multiplié 96,754 pour que le produit augmenté de 195,712 soit égal à 534 795,34 ?

VINGT ET UNIÈME LEÇON.

VII. DIVISION (SUITE).

Comment varie le quotient avec le dividende ou le diviseur; division des deux termes par un même nombre; division d'un produit. — Application au calcul mental. — Simplification dans une suite de multiplications et de divisions. — Exercices.

88. Comment varie le quotient avec le dividende ou le diviseur. — 1° *Quand le dividende devient* 2, 3, 4... *fois plus grand ou plus petit, le quotient devient aussi* 2, 3, 4... *fois plus grand ou plus petit, pourvu que le diviseur ne change pas.* Car si l'on partage, par exemple, une quantité 2 fois plus grande dans le même nombre de parts, il est clair que les parts seront 2 fois plus grandes.

2° *Quand le diviseur devient* 2, 3, 4... *fois plus grand ou plus petit, le quotient devient au contraire* 2, 3, 4.., *fois plus petit ou plus grand.* Si, par exemple, le diviseur devient 2 fois plus grand, il faudra faire 2 fois plus de parts; elles seront donc 2 fois plus petites.

Ces raisonnements ne s'appliquent que quand le diviseur est un nombre entier; mais, comme on le ramène toujours au cas où il en est ainsi, il s'ensuit que nos deux remarques suffiront dans tous les cas.

3° *Quand on rend à la fois le dividende et le diviseur* 2, 3, 4... *fois plus grands ou plus petits, le quotient ne change pas.* Car, en rendant, par exemple, le dividende 2 fois moindre, les parts deviennent 2 fois moindres; mais en rendant le diviseur 2 fois moindre, les parts deviennent 2 fois plus grandes : elles redeviennent donc ce qu'elles étaient.

4° *Pour diviser un produit, il suffit de diviser l'un des*

facteurs. Soit le produit 12×5 à diviser par 3. D'après la remarque 1°, si l'on divise 12 par 3 et qu'on multiplie le quotient par 5, on aura le même résultat qu'en multipliant d'abord le dividende 12 par 5 et prenant le quotient par 3 de ce produit :

$$\frac{12 \times 5}{3} = \frac{12}{3} \times 5. \quad 12 : 3 = 4; \quad 4 \times 5 = 20.$$

89. Application au calcul mental. — I. Diviser 60 par 24. $24 = 12 \times 2$. Si je le divise par 12, ce qui donne pour quotient 5, le diviseur étant 2 fois trop petit, le quotient sera 2 fois trop grand; il me faudra donc en prendre la moitié, ce qui donne 2,5.

II. Diviser 1500 par 25. Je prends le dividende 15 fois trop petit en le prenant égal à 100; 100 divisé par $25 = 4$. Ce quotient est 15 fois trop petit; je le rends donc 15 fois plus grand : 15 fois 4 ou 4 fois 15 font 60.

III. Diviser 8,8 par 24. Je les rends tous les deux 8 fois moindres, ce qui ne change rien au quotient, et j'ai à diviser 1,1 par 3, ce qui donne 0,366.

IV. Par des raisonnements analogues, on s'aperçoit que 0,5 ou 5 dixièmes est la moitié de l'unité; que 0,25 ou 25 centièmes est le quart de l'unité, et on en déduit les règles abréviatives ci-dessous :

1° Multiplier par 0,5 ou 1 : 2, c'est prendre la moitié;
2°   —   0,25 ou 1 : 4,   —   le quart;
3° Diviser par 0,5 ou 1 : 2, c'est multiplier par 2;
4°   —   0,25 ou 1 : 4,   —   4.
Exemples : 1° $112 \times 0,5 = 112 : 2 = 56$. — 2° $112 \times 0,25 = 112 : 4 = 28$. — 3° $112 : 0,5 = 112 \times 2 = 224$. — $112 : 0,25 = 112 \times 4 = 448$.

V. De ces dernières remarques résultent les suivantes :

1° Multiplier par 5, c'est prendre la moitié et multiplier par 10;
2°   —   25,   —   le quart   —   100;
3° Diviser par 5, c'est multiplier par 2 et diviser par 10;
4°   —   25,   —   4   —   100;
Exemples : 1° $112 \times 5 = 112 : 2 \times 10 = 560$. — 2° 112×25

$=112 : 4 \times 100 = 2800. - 3° \ 112 : 5 = 112 \times 2 : 10 = 22,4.$
$4° \ 112 : 25 = 112 \times 4 : 100 = 4,48$

VI. De même, multiplier un nombre par 1,5, c'est le prendre une fois et demie. Ex. : $17 \times 1,5$. — La moitié de 17 est 8,5 ; 17 et 8,5 font 25,5.

Par suite, multiplier un nombre par 15 c'est le prendre une fois et demie et le multiplier ensuite par 10.

Ex. : $17 \times 15 = 25,5 \times 10 = 255$.

90. Simplification d'une suite de multiplications et de divisions.

PROBLÈME. *On a payé 30 francs à 8 ouvriers qni ont travaillé 15 heures ; combien devra-t-on à 6 ouvriers aussi habiles qui ont fait 18 heures du même travail ?*

Solution.

A 8^{ouv} pour 15^h on a payé............ 30^f
A 1^{ouv}   —   on payera 8 fois moins ou 30^f : 8.

Division :   30   : 8
                         3,75

A 1^{ouv} pour 15^h on payera........... 3^f,75
A 6   —   on payera 6 fois plus ou 3^f,75 $\times$ 6.

Multiplication : $3,75 \times 6 = 22,50$.

Aux 6^{ouv} pour 15^h on payera............ 22^f,50
    —   1^h on payera 15 fois moins ou 22^f,50 : 15.

Division :   22,50 | 15
                    7 5 |————
                    0 | 1,5

Aux 6^{ouv} pour 1^h on payera.............. 1^f,5
    —   18^h on payera 18 fois plus ou 1 ,5 $\times$ 18

Multiplication :   1 5
                        1,8
                        ————
                        1 2 0
                        1 5
                        ————
                        2 7,0

Réponse : 27^f.

Reprenons sans effectuer les opérations :

6.

A 8^{our} pour 15^h on a payé.............. 30^f
A 1 — 15^h on payera 8 fois moins ou $30 : 8$
A 6 — 15^h —   6 fois plus ou $30 : 8 \times 6$
— — 1^h — 15 fois moins ou $30 : 8 \times 6 : 15$
— — 18^h — 18 fois plus ou $30 : 8 \times 6 : 15 \times 18$

Mais est-il nécessaire d'effectuer les opérations dans l'ordre indiqué? Non : le premier résultat est $30 : 8$ ou $\dfrac{30}{8}$; pour le multiplier par 6, je n'ai qu'à multiplier le dividende par 6, et j'aurai $\dfrac{30 \times 6}{8}$; ce quotient doit être divisé par 15; mais pour le faire, je n'ai qu'à multiplier le diviseur par 15 et j'obtiendrai : $\dfrac{30 \times 6}{8 \times 15}$; il reste à multiplier ce quotient par 18; je puis le faire en multipliant le dividende par 18 et j'aurai enfin $\dfrac{30 \times 6 \times 18}{8 \times 15}$.

Nous déduirons de là cette conséquence, qu'ayant à faire une suite de multiplications et de divisions, on peut faire le produit du premier nombre par tous les multiplicateurs, et le produit de tous les diviseurs, et diviser le premier produit par le second. En opérant dans cet ordre sur l'exemple actuel, on aura à faire trois multiplications et une division, au lieu de deux multiplications et deux divisions. La multiplication étant plus simple que la division, ce second ordre est préférable au premier. Il aura en outre l'avantage de fournir plus facilement le degré d'exactitude qu'on désirera.

Mais, de plus, il est susceptible, souvent, et particulièrement dans l'exemple qui nous occupe, de simplifications nouvelles.

$$\frac{\overset{2}{30} \times \overset{3}{6} \times \overset{9}{18}}{\underset{4}{8} \times \underset{2}{15}}$$

nde, divisons le facteur 30 par 15, nous aurons

divisé ce dividende par 15, et il sera devenu $2 \times 6 \times 18$;
pour l'indiquer, barrons 30 et écrivons 2 au-dessus; ayant
divisé le dividende par 15, nous devons, pour ne pas changer le quotient, diviser également le diviseur par 15, ce
que nous ferons en y supprimant le facteur 15. Remarquons que $8 = 2 \times 4$; supprimons de la même manière le
facteur 2 du dividende, et le facteur 2 de 8 au diviseur, en
le remplaçant par 4; le quotient n'aura pas changé. De
même, comme $6 = 2 \times 3$ et que $4 = 2 \times 2$, supprimons
au dividende le facteur 2 de 6, et au diviseur le facteur 2
de 4. Puis, comme $18 = 2 \times 9$, supprimons encore au
dividende le facteur 2 de 18 et au diviseur le facteur 2 qui
y reste; la seule opération qu'on ait encore à faire est 3×9.
Le résultat est donc 27. Avec un peu d'habitude, on voit
facilement de telles simplifications, et l'avantage de cette
manière d'opérer devient incontestable.

EXERCICES N° 21.

I. Simplifier le quotient de 7236 par 48.

II. On a à multiplier 27 par 132; à diviser le produit par 9; faire
l'opération le plus simplement possible.

III. On a à multiplier 63 par 56; à diviser le produit par 9; à multiplier le quotient obtenu par 13; à diviser le produit obtenu par 7
et ensuite par 4; indiquer les opérations par signes dans l'ordre le
plus commode, et les effectuer.

IV. $35^{m},25$ d'étoffe ont coûté $136^{f},50$, combien coûtera 1^{m}?

V. Une pièce de vin de 228 litres, rendue à domicile, a coûté 60^{f}
d'achat, et $24^{f},75$ de port et d'entrée: 1° à combien revient le litre?
2° combien en aurait-on pour 100^{f}?

VI. Une machine à vapeur a coûté $45\,000^{f}$; son poids est de
$25\,000^{kg}$; à combien reviennent les 100^{kg} de cette machine?

VII. Un ouvrier payé d'abord 4^{f} a travaillé 10 jours à ce prix,
ensuite il a reçu une augmentation de $0^{f},75$; à la paye, au bout de
plusieurs jours de ce travail, il reçoit $73^{f},25$ tant pour ses 10 jours
à 4 fr. que pour le temps où il a eu $0^{f},75$ en plus; pendant combien
de jours en tout a-t-il travaillé?

VIII. Multiplier et diviser de tête : 1° 72 par 25; 2° 36 par 15;
3° 83 par 50; 4° 128 par 0,25.

IX. Trouver une abréviation analogue pour multiplier un nombre
par 125; ou pour diviser un nombre par 125.

X. Multiplier et diviser 48, — 37, — 120, 1° par 1,25; 2° par 0,5;
3° par 11 fois 11.

VINGT-DEUXIÈME LEÇON.

VIII. APPLICATIONS DE LA DIVISION ET DE LA MULTIPLICATION.

Usages de la division. — Usages et applications de la division et des autres opérations combinées. — Quantités qui varient proportionnellement. — Règle de trois simple, directe. — Règle de trois simple, inverse. — Exercices.

91. Usages de la division. — Les principaux problèmes usuels qui exigent l'emploi de la division sont les suivants :

I. Répartir une somme d'argent entre plusieurs personnes.

II. Trouver le prix, les dimensions, le volume, le poids d'un objet, connaissant le prix, les dimensions, le volume, le poids de plusieurs.

III. Connaissant le revenu d'une personne pendant un temps donné, trouver le revenu pendant une partie de ce temps.

IV. Connaissant le temps employé à un certain travail, trouver le temps employé à une partie de ce travail.

V. Entre combien de personnes a été partagée une somme connue, connaissant la valeur de chaque part.

VI. Combien y a-t-il d'objets ayant un prix, des dimensions, un volume, un poids... déterminés, dans une quantité de ces objets qui a un prix, des dimensions, un volume, un poids... déterminés ?

VII. Connaissant le temps employé à un travail formé de plusieurs parties égales, et le temps employé à une de ces parties, trouver le nombre de ces parties.

92. Usages et applications de la division et des autres opérations combinées. — Les principales questions usuelles qui exigent l'emploi de la division combinée avec la multiplication sont :

I. Règles de trois portant sur chacun des sept articles indiqués dans le numéro précédent.

II. *Intérêts.*

III. *Escompte.*

IV. *Commission.*

V. *Réduction de mémoires.*

93. Quantités qui varient proportionnellement. — Si 1 mètre d'étoffe coûte un certain prix, 2 mètres coûteront 2 fois ce prix ; 3 mètres, 3 fois ce prix ; 4 mètres, 4 fois ce prix... Le prix dépend de la quantité achetée et devient en même temps qu'elle 2 fois, 3 fois, 4 fois plus grand.

Quand une quantité variable dépend de la grandeur d'une autre et devient en même temps qu'elle 2 fois, 3 fois, 4 fois... plus grande, on dit qu'elles sont directement proportionnelles.

Si, pour faire un certain ouvrage, un ouvrier a dû travailler pendant 1 journée, 2 ouvriers n'auront à travailler que pendant la moitié d'une journée, 3 ouvriers n'en auront que pour le tiers d'une journée, etc. Le temps employé pour faire un ouvrage dépend du nombre des ouvriers qui le font, et devient 2 fois plus petit, 3 fois plus petit,... lorsque le nombre des ouvriers devient 2 fois plus grand, 3 fois plus grand...

Quand une quantité variable dépend de la grandeur d'une autre, et que la première devient 2 fois, 3 fois, 4 fois plus grande, quand la seconde devient 2 fois, 3 fois, 4 fois plus petite, on dit qu'elles sont inversement proportionnelles.

Quand une quantité inconnue est déterminée par la condition de varier proportionnellement à une autre, le problème que l'on résout s'appelle *règle de trois simple.*— Elle est *directe* ou *inverse*, suivant que les deux sortes de grandeurs qui y entrent sont *directement* ou *inversement* proportionnelles.

94. Règle de trois simple, directe.

PROBLÈME I. 35 *litres d'acide chlorhydrique concentré pèsent* 42^{kg},3; *combien pèse 1 litre ?*

Solution.

    35^l pèsent............. 42^{kg},3

    1^l pèse 35 fois moins ou 42,3 : 35 = 1^{kg},208

Réponse : 1^{kg},208.

PROBLÈME II. 459^{hl} *de gaz d'éclairage ont été brûlés en 125 heures et demie par un seul bec; combien ce bec a-t-il brûlé par heure ?*

Solution.

    En 125^h,5 ce bec a brûlé.............. 459^{hl};

    En   0^h,1 il a brûlé 1255 fois moins ou 459 : 1255;

    En   1^h —   10 fois plus ou 459 : 125,5

                       = 4590 : 1255 = 3^{hl},657.

Réponse : 3^{hl},657.

PROBLÈME III. 23^{ha} *cultivés en ivraie d'Italie ont produit en une année une quantité de fourrage qui s'est vendue* 11 500^f *en tout; quelle est la valeur de la production de 9 de ces hectares?*

Solution.

    23^{ha} ont produit pour................ 11500^f;

    1^{ha} a produit pour 23 fois moins ou....... $\dfrac{11500}{23}$

    9^{ha} ont produit pour 9 fois plus ou....... $\dfrac{11500 \times 9}{23}$

$$= \dfrac{103500}{23} = 4500^f.$$

Réponse : 4500^f.

PROBLÈME IV. *Pour* 30^f,75, *on a eu* 78^{kg} *de blé vieux première qualité. Sachant qu'une récolte s'est vendue* 7695^f,25, *quel était le poids de cette récolte?*

Solution.

    Pour   30^f,75 on a eu................ 78^{kg}

      —   0^f,01   —   3075 fois moins ou. $\dfrac{78}{3075}$

      — 7695^{f}25 on a eu 769525 fois plus ou.. $\dfrac{78 \times 769525}{3075}$

$$= \frac{\overset{26}{\underset{\substack{615 \\ 123 \\ 41}}{78}} \times \overset{30781}{153905}}{} = 19519^{kg},6$$

Réponse : 19520^{kg}, en forçant l'unité.

PROBLÈME V. *La chaux hydraulique ordinaire se fabrique en calcinant un mélange de 83^{kg},333 de carbonate de chaux sur 16^{kg},666 d'argile. Combien faut-il de carbonate de chaux avec 1535^{kg},7 d'argile ?*

Solution.   Avec

16666^{gr} d'argile il faut................ 83333^{gr} de carbonate.

16666^{gr} —   .... 83333^{hg} —

1^{hg} —   16666 fois moins ou $\dfrac{83333}{16666}$

15357^{hg} —   15357 fois plus ou $\dfrac{83333 \times 15357}{16666}$

$$= 5,000 \times 15357 = 76785^{hg}.$$

Réponse : 7678^{kg},5 de carbonate de chaux.

95. Règle de trois simple, inverse.

PROBLÈME. I. *Pour assembler, boulonner et virer, dans la construction d'une carcasse de bateau en fer, il a fallu employer 54 ouvriers pendant 25 jours; combien aurait-il fallu de temps si l'on n'y avait employé que 18 ouvriers ?*

Solution.

A 54 ouvriers il a fallu.............. 25 jours

A 1 ouvrier il faudra 54 fois plus ou 25×54

et à 18 ouvriers   —   18 fois moins ou $\dfrac{25 \times 54}{18} = 75^j$

Réponse : 75^j.

PROBLÈME II. *Une étoffe a 0^m,75 de largeur ; pour doubler un tapis, il en faut 4^m,25. Combien faudra-t-il, pour le même usage, d'une autre étoffe ayant 0^m,65 de large ?*

Solution. Remarquons que la règle est inverse; plus l'étoffe est arge, moins il faut de mètres en longueur.

A 75^{cm}, il en faut. . . . . 4^m,25
— 1^{dm}, il en faudrait 75 fois plus ou . . 4^m,25 $\times$ 75
—65^{cm},   —   65 fois moins ou $\dfrac{4^m,25 \times 75}{65}$

$$= \frac{4,25 \times 15}{13} = 4^m,90.$$

Réponse : 4^m,90.

EXERCICES N° 22.

I. Les filatures de Roubaix emploient 410 000 broches mises en mouvement par 29 930 ouvriers; à Tourcoing on compte 490 000 broches. En supposant la même proportion qu'à Roubaix, 1° combien doit-il y avoir d'ouvriers employés à les mettre en mouvement? — 2° En réalité, on emploie à Tourcoing 30 523 ouvriers; dans laquelle de ces deux villes un ouvrier met-il le plus de broches en mouvement?

II. Les frais de culture pour 1 hectare de caméline sont de 425^f,56 ; 1 hectare produit 22 hectolitres de graines valant 23^f l'hectolitre; un hectare rapporte d'ailleurs 80^f,44 de bénéfice net. Sachant que dans un champ de caméline on a dépensé pour la culture 1254^f,25: 1° quelle est la quantité de graines produites; 2° quelle est la valeur de cette récolte? 3° quel est le bénéfice produit? 4° quelle est l'étendue du champ?

III. 100^{hl} de coke pesant 33^{kg} en moyenne par hectolitre, coûtent 610^f; combien coûte le chauffage d'une maison où l'on a dépensé 6354^{kg} de coke?

IV. En 1866, il est entré dans les ports français 19 575 navires d'un tonnage total de 3 594 570 tonnes; quel est en moyenne le tonnage de chacun de ces navires?

V. Une usine a livré à un chemin de fer 34 plaques tournantes pesant chacune 7845^{kg}, au prix de 25^f,50 les 100^{kg}; quel est le prix de toute cette livraison?

VI. Sur 128 sacs de gruau, 116 ont été vendus pour la somme totale de 7655^f,75; combien les 128 sacs auraient-ils été vendus, au même taux?

VII. Un hectare de lin de Flandre fournit 505^{kg} de filasse et 266^{kg} de graines: 1° sur combien d'hectares a-t-on recolté 27 892^{kg} de graines? 2° combien cette récolte a-t-elle dû fournir de kilogrammes de filasse?

VIII. 612^{gr},50 d'acide sulfurique ordinaire contiennent 200^{gr} de soufre, 400^{gr} d'oxygène et 12^{gr},50 d'hydrogène; combien y a-t-il d'oxygène, de soufre et d'hydrogène dans 1^{lit} de ce même acide, c'est-à-dire dans 1^{kg},843?

VINGT-TROISIÈME LEÇON.

VIII. APPLICATIONS DE LA DIVISION ET DE LA MULTIPLICATION.

(SUITE)

Règle de trois composée. — Intérêts. — Escompte, commission, réduction de mémoires.— Revenu général d'une exploitation.— Exercices.

96. Règle de trois composée. — Les problèmes dans lesquels la quantité cherchée dépend des valeurs de plusieurs autres auxquelles elle est directement ou inversement proportionnelle, se nomment *règles de trois composées.*

PROBLÈME I. *Un chemin de fer a transporté 345 voyageurs de 2ᵉ classe à une distance moyenne de 25ᵏᵐ et a fait pour ce transport une recette de 1069ᶠ,50; une autre fois il transporte 543 voyageurs à une distance moyenne de 15ᵏᵐ; quelle est sa recette pour ce dernier transport ?*

Solution. Énoncé abrégé.

$$543 \text{ voyageurs } 15^{km} \qquad x^f$$
$$345 \quad — \quad 25 \quad 1069^f,50$$

Pour 345 voyageurs transportés à 25ᵏᵐ la recette est de 1069ᶠ,50

$$— \quad 1 \quad — \qquad — \quad — \quad — \quad \text{sera } \frac{1069,50}{345}$$

$$— \quad 543 \quad — \qquad — \quad — \quad — \quad \frac{1069,50 \times 543}{345}$$

$$— \quad — \quad — \qquad — \quad 1^{km} \text{ elle serait } \frac{1069,50 \times 543}{345 \times 25}$$

$$— \quad — \quad — \qquad 15^{km} \quad — \quad \frac{1069,50 \times 543 \times 15}{345 \times 25}$$

$$= \frac{71,3 \times 543 \times 3}{23 \times 5} = 1009^f,98.$$

Réponse : 1009ᶠ,98.

Problème II. *25 ouvriers terrassiers ont employé 8 journées pour enlever la terre d'une tranchée peu profonde, de 22^m de large sur 75^m de long ; quelle est, dans les mêmes conditions, la longueur d'une tranchée qui a été faite par 12 terrassiers en 16 journées, cette tranchée étant de 15^m de large ?*

Solution. — Énoncé abrégé :

$$
\begin{array}{llll}
12^{\text{our}} & 16^{\text{j}} & 15^{\text{m}} & x^{\text{m}} \\
25^{\text{our}} & 8^{\text{j}} & 22^{\text{m}} & 75^{\text{m}}
\end{array}
$$

$$25^{\text{our}} \qquad 8^{\text{j}}\ \text{largeur}\ 22^{\text{m}}\ \text{longueur}\ 75 \qquad\qquad \text{mètres.}$$

$$1 \qquad\qquad\qquad \frac{75}{25}$$

$$12 \qquad\qquad\qquad \frac{75 \times 12}{25}$$

$$16^{\text{j}} \qquad\qquad \frac{75 \times 12 \times 2}{25}$$

$$1^{\text{m}} \qquad \frac{75 \times 12 \times 2 \times 22}{25}$$

$$15^{\text{m}} \qquad \frac{75 \times 12 \times 2 \times 22}{25 \times 15}$$

$$= \frac{12 \times 2 \times 22}{5} = 105^{\text{m}},6.$$

Réponse : 105^m,6.

97. Intérêts. — Les règles d'intérêt ne sont autre chose que des règles de trois.

Un capitaliste prête 15 400 francs à un commerçant qui consent à lui payer 5 francs par an pour chaque somme de 100 francs qui lui est prêtée. Au bout de 4 ans, il rend au capitaliste les 15 400 francs prêtés ; combien doit-il lui remettre en outre pour le loyer de son argent ? Telle est la question première qui se présente dans les problèmes d'intérêt. Les 15 400 francs prêtés se nomment le *capital ;* la somme due par l'emprunteur pour le loyer des sommes prêtées s'appelle *l'intérêt* du capital ; 5 pour 100 ou en abrégé 5 °/₀, nombre qui indique que 5 francs sont rapportés par 100 francs dans un an, est le *taux* du prêt. Le problème peut s'énoncer comme il suit :

Problème I. *Combien 15 400^f à 5 pour 100 rapportent-ils en 4 ans ?*

Solution. 100^f en 1 an rapportent   5   francs.

$$1^f \quad - \quad \text{rapporte} \quad \frac{5}{100} \quad -$$

$$15\,400^f \quad - \quad \text{rapportent} \quad \frac{5 \times 15400}{100} \quad -$$

$$- \quad 4 \text{ ans} \quad - \quad \frac{5 \times 15400 \times 4}{100}$$

$$= 5 \times 154 \times 4 = 3080^f$$

Réponse : 3080^f.

PROBLÈME II. *Combien rapportent* 725^f,75 *placés à* 4,5 *pour* 100 *pendant* 7 *mois ?*

Solution.

100^f pour 1 an rapportent   4,5   francs.

$$1^f \quad - \quad - \quad \frac{4,5}{100} \quad -$$

$$725^f,75^f \quad - \quad \frac{4,5 \times 725,75}{100} \quad -$$

$$1 \text{ mois ou } 12 \text{ fois moins} \quad \frac{4,5 \times 725,75}{100 \times 12} \quad -$$

$$- \quad 7 \text{ mois} \quad \frac{4,5 \times 725,75 \times 7}{100 \times 12}$$

$$= \frac{1,5 \times 725,75 \times 7}{100 \times 4} = 19^f,050\ldots$$

Réponse : 19^f,05.

PROBLÈME III. *Quel capital placé pendant* 70 *jours à* 2,5 *a rapporté* 500^f ?

Solution.

2,5 en 1 an sont rapportés par   100   francs.

$$0,1 \quad - \quad - \quad \frac{100}{25}$$

$$500,0 \quad - \quad - \quad \frac{100 \times 5000}{25}$$

$$\text{en 1 jour par 360 fois plus ou} \quad \frac{100 \times 5000 \times 360}{25}$$

$$\text{en 70}^j \text{ par 70 fois moins ou} \quad \frac{100 \times 5000 \times 360}{25 \times 70}$$

$$= \frac{20000 \times 36}{7} = 102\,857^f,142\ldots$$

Réponse : 102 857^f,15.

PROBLÈME IV. *Pendant combien de temps a été placé un capital de 2500ᶠ à 4 pour 100, sachant qu'il a rapporté 200ᶠ?*

Solution.

$$
\begin{array}{ll}
100^\mathrm{f}\ \text{rapportent } 4^\mathrm{f}\ \text{en} \dots\dots & 1\ \text{an} \\
1^\mathrm{f}\ \text{rapporte} - \text{en } 100\ \text{fois plus de temps ou} \dots & 100\ \text{ans.}
\end{array}
$$

$$
2500^\mathrm{f}\ \text{rapportent} - \text{en } 2500\ \text{fois moins} \quad - \quad \frac{100}{2500}
$$

$$
- \qquad 1^\mathrm{f}\ \text{en}\quad 4\ \text{fois moins} \quad - \quad \frac{100}{2500 \times 4}
$$

$$
- \qquad 200^\mathrm{f}\ \text{en } 200\ \text{fois plus} \quad - \quad \frac{100 \times 200}{2500 \times 4}
$$

$$
= \frac{100 \times 200}{10\,000} = 2\ \text{ans.}
$$

Réponse : 2 ans.

PROBLÈME V. *A quel taux 2000ᶠ placés pendant 3 mois rapportent-ils 25ᶠ?*

Solution.

$$
\begin{array}{llll}
2000^\mathrm{f}\ \text{placés pendant 3 mois rapportent} & & & 25 \\
100^\mathrm{f} \quad - \quad - & & - & \dfrac{25}{20} \\
- \quad - \quad 1\ \text{mois} & & - & \dfrac{20}{25 \times 3} \\
- \quad - \quad 1\ \text{an} & & - & \dfrac{25 \times 12}{20 \times 3} = 5.
\end{array}
$$

Réponse : Au taux 5 pour 100.

98. Escompte, commission, réduction de mémoires.

PROBLÈME I. 1° *Quel est l'escompte à 4,5 pour 100 d'un billet de 540ᶠ,25 payable dans 3 mois? et 2° quelle somme doit-on recevoir en négociant ce billet?*

Solution. — 1° L'escompte de ce billet est l'intérêt de 540ᶠ,25 à 4,5 pendant 3 mois (n° 97, problèmes I et II). On trouve que cet intérêt s'élève à

$$
\frac{540,25 \times 4,5}{4 \times 100} = 6,077\dots
$$

2° La valeur du billet diminuée de cette somme sera la somme à recevoir :

$$540^f,25 - 6^f,077 = 534^f,173.$$

Réponse : 1° 6^f,08 ; 2° 534^f,17.

Problème II. *Sur une note de 175^f,25 on fait un escompte ou remise de 15 pour 100 ; 1° quelle est la valeur de cette remise ; 2° combien doit-on payer pour acquitter cette note ?*

Solution.

1° Le centième, ou 1 pour 100, égale 1^f,7525

$$15 \quad - \quad 1^f,7525 \times 15 = 26^f,2875 ;$$

2° Le montant de la note diminué de cette somme sera la somme à payer :

$$175^f,25 - 26^f,2875 = 148^f,9625.$$

Réponse : 1° 26^f,30 ; 2° 148^f,95.

Problème III. *De combien pour 100 a-t-on réduit un mémoire qui l'a été de 20 780^f à 18 930^f ?*

Solution.

Sur 20780^f la réduction a été de 20 780^f — 18 930 = 1850 francs.

—   1 elle eût été de................... $\dfrac{1850}{20780}$

—   100   —   .... $\dfrac{1850 \times 100}{20780}$

$$= \frac{18500}{2078} = 8^f,902.$$

Réponse : 8,9 pour 100.

99. Revenu général d'une exploitation. —

Comme complément aux problèmes qui précèdent et comme conclusion, nous appliquerons les quatre opérations ensemble dans un problème général.

Problème. *Compte de culture d'un hectare de betteraves.* On a dépensé : 1° pour travaux préparatoires, traits d'extirpateur, hersage, défoncement, roulage, 74 journées à raison de 1^f,75 ; — 2° achat de la semence, 8^{kg} à 2^f,50, — 3° rayonner le terrain, semer, herser, rouler, biner, 46^f,20; — 4° arrachage, décolletage, nettoyage, mise en tas et couverture des racines, 40 journées à 1^f,75; — 5° transport et emmagasinage, 34^f; — 6° 30 000^{kg} de fumier à raison de 10^f les 1000^{kg}, y compris le transport et l'épandage; le tiers de cette somme ne doit pas rester à la charge de la betterave; — 7° loyer de la terre, 70^f; — 8° frais généraux d'exploitation, 20^f; — 9° intérêt à 5 pour 100 pendant 1 an des sommes ci-dessus; — 10° intérêt à 5 pour 100 pendant 1 an du prix du fumier non absorbé.

On a récolté : 1° 38 850^{kg} de racines; 4^{kg} équivalent comme valeur de fourrage et comme prix à 1^{kg} de foin sec, valant 74^f,50 les 1000^{kg}; — 2° 10 000^{kg} de feuilles qui, rendues à la terre, équivalent au quart d'une fumure ordinaire de 30 000^{kg}, laquelle vaut 10^f les 1000^{kg}.

Combien a-t-on dépensé en tout ? combien a-t-on produit ? quel est le bénéfice net ? combien pour 100 rapporte en un an le capital employé ?

COMPTE DE CULTURE D'UN HECTARE DE BETTERAVES

Dépenses.	f	c	Produit.	f	c
1° Travaux préparatoires	129	50	1° 38 850^{kg} de racines.	694	45
2° Semence, 8^{kg} à 2^f,50..	20	»	2° 10 000^{kg} de feuilles.	75	»
3° Rayonner le terrain, semer, herser, rouler, biner........	46	20			
4° Arrachage, etc......	70	»			
5° Transport et emmagasinage	34	»			
6° Fumure	200	»			
7° Loyer	70	»			
8° Frais généraux d'exploitation.........	20	»			
9° Intérêt à 5 p. 100 des sommes ci-dessus..	29	50			
10° Intérêt de 100^f, fumier non absorbé	5	»			
Totale des dépenses.	624	20			
Bénéfice net.......	145	25			
Total égal.........	769	45	Produit total.....	769	45

Solution. Inscrivons à mesure d'abord les dépenses et ensuite les produits. — Dépenses : 1° 74 journées à 1^f,75 font : fr. 1,75 $\times$ 74 = 129^f,50 ; 2° 8^{kg} de semence à 2^f,50 ont coûté fr. 2,5 $\times$ 8 = 20^f ; 3° tel que dans l'énoncé ; 4° 40 journées à 1^f,75 valent : fr. 1,75 $\times$ 40 = 70^f ; 5° comme dans l'énoncé ; 6° 30 000^{kg} de fumier à 10^f les 1000^{kg} ou 1^f les 100^{kg}, coûtent 300^f ; en en déduisant le tiers, il reste 200^f à porter en compte ; 7° et 8° comme dans l'énoncé ; 9° faisons le total des sommes déjà écrites, nous trouvons 589^f,70, dont l'intérêt à 5 pour 100 pendant 1 an est 29^f,485 ; mettons 29^f,50 ; 10° intérêt à 5 pour 100 du prix de la fumure non absorbée, 5^f. Faisons le total de toutes les sommes inscrites, ce sera le total des dépenses : 624^f,20.

Produits : 1° 1000^{kg} de foin valent 71^f,50 ; 1^{kg} vaut donc 0^f,0715, 4^{kg} de racines de betteraves valent le même prix ; 1^{kg} vaut 4 fois moins ou 0^f,0715 : 4 et 38 850 valent : fr. 0,0715 $\times$ 38 850 : 4 = 694^f,443, mettons 694^f,45 ; 2° 1000^{kg} de fumure valent 10^f ; 30 000^{kg} valent 300^f dont le quart est 75^f. Faisons le total des deux sommes inscrites, ce sera le total des produits 769^f,45.

L'ensemble des dépenses s'étant élevé à 624^f,20 et ayant rapporté 145^f,25 de bénéfice net, 1^f rapporterait à ce taux 145,25 : 624,20 et 100^f, 100 fois plus ; on trouve 23,269... ou plus de 23,25.

Réponse : 1° On a dépensé en tout 624^f,20 ; 2° on a produit 769^f,45 ; 3° le bénéfice net est de 145^f,25 ; 4° le capital placé a rapporté dans un an 23,25 pour 100.

EXERCICES N° 23.

I. Pour tapisser un appartement, on a posé d'abord un papier commun de 1^m,48 de large, coûtant 0^f,15 le mètre ; il a fallu 54^m,50 de ce papier ; par dessus ce papier on en pose un autre coûtant 0^f,90 le mètre, et qui a seulement 0^m,48 de large ; combien faudra-t-il de mètres de ce papier ? Quelle sera la dépense totale, sachant qu'on a employé deux ouvriers pendant une journée et demie, au prix de 3^f,75 par journée ?

II. Un hectare de terre cultivé en froment fournit une quantité de blé dont on peut extraire 3500^{kg} de fécule, quelle quantité de fécule pourrait-on extraire des 5 600 000 hectares qui représentent à peu près la surface cultivée en froment sur toute la France ?

III. Pour la fabrication dans un haut-fourneau de 6350^{kg} de fonte on a employé 4325^{kg} de coke ; sachant que 100^{kg} de houille carbonisée donnent 57^{kg} de coke, combien faut-il employer de houille pour la fabrication annuelle d'une usine qui produit par 24 heures 15 000^{kg} de fonte?

IV. Quel intérêt produisent, au taux de 5,5 pour 100, 2800^f placés pendant 8 ans et 6 mois?

V. Quel est le capital qui en 2 ans a produit 534^f,25 d'intérêt au taux de 3 pour 100?

VI. Quel est le taux auquel on a placé 2000^f pendant 72 jours, sachant que l'intérêt rapporté par cette somme a été de 16^f?

VII. Pendant combien de temps ont été placés 2400^f pour rapporter, à 4,5 pour 100, 270^f d'intérêt?

VIII. Un billet payable dans 6 mois est escompté à 5 pour 100; quel en est le montant, sachant que l'escompte est de 70^f; et combien l'escompteur a-t-il remis?

IX. Le porteur d'un billet de 1520^f payable dans 60 jours, le négocie et reçoit 1512^f,40; à quel taux?

X. Quelle commission un banquier a-t-il prise pour l'encaissement de 34 000^f, sachant qu'il a remis à son commettant 33 830^f?

XI. Dans une exploitation agricole comprenant 3^{ha},25 cultivés en froment, on a dépensé par hectare: 1° loyer de la terre et impositions 60^f,75; 2° labour 87^f,60; 3° fumiers et autres amendements 120^f,25; 4° semence 8^{hl},5 à 1^f,85 le décalitre; 5° sciage, liure et transport 40^f,10; 6° battage et vannage 36^f,05. — On a récolté 17^{hl} par hectare, l'hectolitre valant 18^f,50 et 4000^{kg} de paille, qui se vend 37^f,50 les 1000 ^{kg}. Etablir le compte d'un hectare de cette culture, dire quelle est la dépense totale, quel est le produit; quel est le bénéfice pour 1 hectare et pour les 3^{ha},25; enfin combien pour 100 a rapporté le capital engagé dans cette exploitation. On comptera l'intérêt des dépenses, pendant une année, à raison de 5 pour 100.

XII. Dans une fonderie, pour produire 1000^{kg} de fonte moulée, il faut dépenser: 1° 1100^{kg} de fonte brute valant en tout 243^f,65; 2° 9^{hl},65 de houille à 0^f,55 l'hectolitre; 3° 8^{hl} de coke au même prix; 4° 0^{hl},11 de castine à 0^f,80; 5° 3^{hl},33 de sable de moulage à 0^f,60; 6° service, frais généraux, fournitures de magasin, réparations 14^f,05; 7° frais d'ajustage, 0,37; 8° paye des forgerons pour les 1000 kilog., 0^f,05; 9° paye des mouleurs, 34^f,30; 10° 2 pour 100 des sommes précédentes pour les frais de modèle; 11° leur intérêt à 5 pour 100 pendant 1 mois. — Les 1000^{kg} de fonte produits se vendent 0^f,35 le kilogr.; le sixième de la chaleur produite est utilisée en dehors de la fabrication, et il faut le compter comme un produit, d'après la valeur du coke et de la houille brûlés. Faire le compte de cette fabrication et trouver le bénéfice net pour 1000^{kg} de fonte moulée.

FIN.

TABLE DES MATIÈRES

PREMIÈRE LEÇON.

I. NOTIONS PRÉLIMINAIRES; NUMÉRATION.

Grandeur ou quantité.—Quantités qui se comptent.—Quantités qui se mesurent. — Nombres entiers ou décimaux. — Numération parlée. — Numération écrite.—Lecture d'un nombre.—Changement d'unité. — Rendre un nombre 10, 100, 1000 fois plus grand ou plus petit. — Exercices............................ 3

DEUXIÈME LEÇON.

II. APPLICATION DE LA NUMÉRATION AU SYSTÈME MÉTRIQUE.

Longueurs. — Remarque.— Poids. — Valeurs monétaires.— Applications. — Exercices................................ 10

TROISIÈME LEÇON.

III. ADDITION.

Définition. — Premier cas. — Exemples d'additions sans retenues. — Exercices.................................... 14

QUATRIÈME LEÇON.

III. ADDITION (suite).

Deuxième cas.— Applications. — Preuves de l'addition. — Exercices.. 18

CINQUIÈME LEÇON.

III. ADDITION (suite).

Calcul mental.— Des simplifications dans l'addition. — Usages de l'addition : problèmes qui y donnent lieu. — Applications. — Exercices.. 22

SIXIÈME LEÇON.

IV. SOUSTRACTION.

Définition. — Premier cas. — Exercices.... 28

SEPTIÈME LEÇON.

IV. SOUSTRACTION (suite).

Soustraction sans retenues. — Remarque. — Deuxième cas.— Cas particuliers. — Exercices................................... 32

HUITIÈME LEÇON.

IV. SOUSTRACTION (suite).

Preuves de la soustraction. — Calcul mental. — Simplifications — Exercices.. 36

NEUVIÈME LEÇON.

IV. SOUSTRACTION (suite).

Usages de la soustraction. — Applications. — Emploi de l'addition et de la soustraction combinées. — Applications. — Exercices.. 39

DIXIÈME LEÇON.

V. MULTIPLICATION.

Définitions; signe. — Premier cas. — Multiple. — Deuxième cas. — Application de la règle. — Cas particuliers. — Exercices.. 46

ONZIÈME LEÇON.

V. MULTIPLICATION (suite).

Troisième cas. — Application de la règle. — Cas particuliers. — Exercices.. 51

DOUZIÈME LEÇON.

V. MULTIPLICATION (suite).

Multiplication des nombres décimaux; premier cas. — Multiplication par un nombre décimal; définition.—Deuxième cas.— Application de la règle. — Cas particuliers. — Exercices........ 56

TREIZIÈME LEÇON.

V. MULTIPLICATION (suite).

Multiples de 25, de 50, de 75, de 125, de 20. — Multiplication d'une somme ou d'une différence. — On peut changer l'ordre de deux

facteurs.— Preuve de la multiplication. — Produit de plusieurs
facteurs. — Groupements des facteurs. — Exercices....... 61

QUATORZIÈME LEÇON.

V. MULTIPLICATION (suite).

Usages de la multiplication : problèmes..................... 66

VI. APPLICATION AU SYSTÈME MÉTRIQUE.

Surfaces. — Mesures agraires. — Exercices................. 67

QUINZIÈME LEÇON.

VI. APPLICATION AU SYSTÈME MÉTRIQUE (suite).

Volumes. — Mesures de volume pour les bois. — Mesures de
capacité. — Liaison des diverses unités métriques. — Exercices.. 71

SEIZIÈME LEÇON.

VII. DIVISION.

Définition.— Deuxième signification de la division.—Troisième signification de la division. — Reste. — Divisible. — Signification
du mot quotient. — Premier cas. — Exercices........... 76

DIX-SEPTIÈME LEÇON.

VII. DIVISION (suite).

Cas particuliers. — Deuxième cas. — Simplification.— Application
de la règle. — Exercices............... 80

DIX-HUITIÈME LEÇON.

VII. DIVISION (suite).

Troisième cas. — Application de la règle. — Cas particuliers. —
Exercices 86

DIX-NEUVIÈME LEÇON.

VII. DIVISION (suite).

Compléter le quotient par des chiffres décimaux. — Premier cas
de la division des nombres décimaux.— Cas particuliers. —
Exercices... 90

VINGTIÈME LEÇON.

VII. DIVISION (suite).

Définition générale de la division.—Deuxième cas de la division des nombres décimaux. — Application de la règle. — Quotient périodique. — Preuve de la multiplication par la division.—Preuve de la division par la multiplication. — Exercices........ 94

VINGT ET UNIÈME LEÇON.

VII. DIVISION (suite).

Comment varie le quotient avec le dividende ou le diviseur. — Application au calcul mental. — Simplification dans une suite de multiplications et de divisions. — Exercices.......... page 99

VINGT-DEUXIÈME LEÇON.

VIII. APPLICATIONS DE LA DIVISION ET DE LA MULTIPLICATION.

Usages de la division. — Usages et applications de la division et des autres opérations combinées. — Quantités qui varient proportionnellement. — Règle de trois simple, directe. — Règle de trois simple, inverse. — Exercices...................... 104

VINGT-TROISIÈME LEÇON.

VIII. APPLICATIONS DE LA DIVISION ET DE LA MULTIPLICATION (Suite.)

Règle de trois composée. — Intérêts. — Escompte, commission, réduction de mémoires. —Revenu général d'une exploitation.— Exercices.. 109

FIN DE LA TABLE.

ABBEVILLE. — IMP. BRIEZ, C. PAILLART ET RETAUX.

www.ingramcontent.com/pod-product-compliance
Ingram Content Group UK Ltd.
Pitfield, Milton Keynes, MK11 3LW, UK
UKHW021735090726
13657UKWH00002B/720